人類學是什麼

是什麼

What Is Anthropology ?

王銘銘◎著

目　錄

開頭的話

「志於道，據於德，依於仁，遊於藝。」

學習一門學問，一如學習做人一樣，需追求它的道理、規則、價值和技藝。怎樣才能獲得這些東西呢？我們一般要翻閱一些入門書，透過瞭解基礎知識來接近學科。可是，瞭解和把握學科所需要的東西，比書本知識能告訴我們的多。人類學是一門特別注重體會和理解的學科。要說清楚它的眞諦，挑戰性更大。有幾本人類學教材能超凡脫俗？能避免學匠式的鋪陳？能提供眞正的洞見？英國人類學家李奇（Edmund Leach）曾在所著《社會人類學》中，批評了一些人類學教材，說它們以昆蟲學家採集蝴蝶標本的方式，來講述「人」這個複雜的「故事」[1]。李奇的意思是說，要讓人理解人類學，不能簡單地羅列概念和事例，而應想法子讓學生和愛好者感知學科的內在力量。

給寫教材的人這麼大的壓力，有點兒不公道。學業有專攻，我們對致力於專題研究的學者給予尊重，也應當鼓勵那些將心血費在基礎知識傳播的人。無論寫得全面不全面，深刻不深刻，獨創不獨創，教材總是普及知識的重要途徑。然而，若將李奇的批評當作提醒，卻也並非沒有一點好處。你若翻閱幾本人類學教材，就會知道「連篇累牘」這句老話的意思，就會

感到李奇說的那席話正中要害。你若做過學科導引性工作，就能體會到其中的枯燥無味和難以克服的累贅。

要說哪本人類學入門書比較好，我私下有一個判斷。逝者如斯，現代派的人類學已經經過了一百年的發展，弗思（Raymond Firth）六十多年前發表的《人文類型》那本小冊子，今天讀起來竟然還是比較新鮮。關心中國人類學史的讀者能知道，這本書早在一九四四年已由弗思的學生費孝通先生翻譯出來，並由當時在重慶的商務印書館出版發行。弗思大費先生八歲，二○○二年二月逝世，這時他已經一○一歲，按我們中國人的觀點，應是值得尊重的「百歲老人」。可在他的晚年，英國年輕一代的學者不大理會他。可能是因為生在一個「尊老愛幼」的傳統裏，我對弗思尊敬有加。當然，弗思值得尊重不只是因為他老，更主要地是因為他的作品總是耐人尋味，他的《人文類型》便是這樣的作品。《人文類型》以最為簡潔的語言，論述了一門研究對象和研究方法如此多樣的學科，為我們瞭解人類學提供了賞心悅目的緒論。

「什麼是人類學？」人們可能以為，只要是學科的專業研究人員，都應當能夠一語道破。一些人類學家也「一言以蔽之」地對自己的學科進行簡明的定義。在很多教材中，作者言簡意賅地告訴我們說：人類學這門學科，就是「人的科學」（the science of man）。這樣的一個答案，不求甚解的人會放過，不小心的人則可能頗受它的誘惑，而深思的人則知道，它包含的資訊息量並不怎麼大。所有的人文社會科學都是研究人類的，難道都應當被納入人類學嗎？人文學的諸多學科，如文學、史學、哲學，也都是研究人的文化創造、歷史變化和世界觀的。其中，最典範的是哲學，它包括了人與自然界之間的關係及人

與人之間關係的論述，很像「人的科學」。而社會科學中的社會學，也是研究人的社會的。由此類推，政治學研究人的政治性，經濟學研究人的經濟本性和活動，管理學研究人的管理，等等。於是，說「人類學是人的科學」，等於什麼都沒有說。那麼，人類學到底是什麼？這門學科到底爲我們理解人類自身提供了什麼樣的獨特洞見？我們應怎樣理解這門學科的研究價值？

從本意上，人類學確有一種「包打天下」的雄心，但恰好也是這門學科又給了自己的研究一個嚴格的範疇限定。要說清楚這門不無內在矛盾的學科，就要知道這門「人的科學」曾以研究那些古老的「原始人」爲己任，而要令人信服地解釋「人的科學」與「原始人的研究」有何關係，難度其實不小。我之所以稱讚《人文類型》，是因爲這畢竟是一位現代人類學奠基人從學科內部對人類學進行的全面闡述，它論述的內容，充分體現了人類學這門學科的整體概況、內在困惑和內在意義。《人文類型》的正文分七章，每一個章節都有自己的主題，全書概要介紹了人類學家從七個方面對人類進行研究的心得。這七個方面分別是：(1)種族特徵與心理差別；(2)人和自然；(3)原始社會的勞動和財富；(4)社會結構的某些原則；(5)行爲的規則；(6)合理和不合理的信仰；(7)人類學在現代生活中。弗思在書中引用的例子，不獨來自西方人的社會，也不獨來自非西方的部落與文明。他在書中開宗明義地說：

> 作爲一位人類學者，我將注重那些生活方式和西方文明不同的人民的習慣和風俗。我注重他們並不只是因爲他們的生活方式在獵奇者看來比較新奇，也不只是因爲這種

知識對於在不發達國家工作的人大有裨益，而是因為對他們的生活方式進行研究能幫助我們明白自己的習慣和風俗。[2]

無論一部入門之作能分多少章節，能包含多少內容，它所要講述的人類學，就是弗思提出的「原始的他」與「現代的我」之間的相互理解。對於人類生活方式進行的研究，時常要掉進決定論爭端的漩渦。但是，分屬不同陣營的人類學家們，都必須談論弗思所涉及到的那些方方面面。人類學家注重奇異風俗的研究，但他們追問的每一個問題，都牽涉到人類生活的一般狀況。閱讀弗思的《人文類型》能使我們瞭解人類學家的工作，理解人的「身」（體質特徵）和「心」（文化特徵）怎樣在人類學的探索中得到檢視，體會人類學與現代生活之間的關係。

弗思剛剛仙逝，但他和一代代人類學大師對人類學展開的廣闊解釋和深入的挖掘，仍然是我輩今天可望而不可及的。於是，當我接到稿約，要我來寫這本《人類學是什麼》時，我猶豫良久，知道自己所能做的，最多不過是贅言前人的成就。而當我打開電腦，開始文字工作的時候，又感到這一工作的難度。前人的論點，我不能贅述，前人的廣度和深度，我難以達到。寫這麼一本新的小冊子，也許只是平添了一種白紙黑字的商品，它有何學術意義？有何社會價值？即使不能達到前人的廣度和深度，一本新作總要追求它的不同吧！入門書不能專講自己的意見，寫一本入門書，要對受到學界公認的「一般學科知識」進行概要的介紹，要透過解答一個普通的問題，來論說自己對一門學科的道理、規則、價值和技藝的看法。怎樣寫一

般知識的介紹才具有不同於一般的面貌？

　　除了這種種難題以外，我還面對一種更大的困境。這些年來的漂泊讓我知道，人類學在世界各國有不同的叫法，現在歐、美、澳等地區都普遍接受「人類學」這個概念，但人類學曾與民族學和社會學有過不解之緣，曾被稱爲「民族學」和「比較社會學」，而歐洲的「社會人類學」與美洲的「文化人類學」之間的差異，也同樣令人困惑。在中國大陸，不同名稱並存，同時社會學、民俗學和文化學這些學科，在學術風格、研究對象和精神實質方面，與人類學有著諸多相通、互補和重疊之處。諸如此類的學科名稱和學科關係複雜性，反映了人類學在不同地區和國家中的特殊歷史際遇。一本入門的小冊子，不能糾纏這些複雜問題，因爲那樣可能會讓初學者備受複雜問題的煎熬。然而，若不能直接或間接地讓人理解問題，不能讓人感悟學科的特殊歷史遭遇，入門工作的意義實在也值得懷疑。

　　人類學前輩吳文藻先生曾說，用中國話談論西學，必然已經對學科實行了「中國化」。七、八十年前，吳先生那一代人類學家面對的問題相對簡單。他們認爲語言的翻譯本身已經是本土化的過程了。現在這個問題還被學者們與語言以外的問題聯繫起來。在社會科學規範與國際接軌的呼聲中，人們還聽到另外一種聲音夾雜其中：社會科學（包括人類學）要袪除西方中心主義，要找到本民族的「根」。於是，近年海內外的中國研究中，形成了一種「中國中心論」的觀點，主張以中國爲中心來看待歷史、社會、文化以至政治。這種觀點具備了「後殖民主義」的善心和力度，它針對的是歐洲理論模式在亞細亞社會研究中的長期支配。可是，「中國中心論」到底包含什麼樣的分析、解釋和判斷的新洞見？「中國化」的學科是否眞的能夠避

免話語的支配？寫入門書，不是做創新工作。但在這樣一個焦急地等待著一切答案的時代裏，寫這樣一本書，也要面對以下難題：

- 在過去四個世紀以來，長期被誤認成具有普遍解釋力的西方概念，如何與它們發生的宗教─宇宙觀環境聯繫起來？
- 所謂「具有普遍解釋力的概念」，何以在歷史上成為「普遍的原則」，從而影響我們的跨文化交往方式？
- 倘若要發展某些真正具備「普遍解釋力的概念」，我們是否一定要像「後殖民主義者」主張的那樣，不斷重複論證西方帝國主義相對於非西方社會的知識／話語關係？
- 諸多中東、印度、東亞的社會科學家，在認識到西方的知識／權力問題之後，提出要對社會科學實行本土化，可是，「本土化」意味著什麼？

種種問題的提出，給中國人類學家帶來了挑戰西學的新契機。然而，這不等於說中國人類學家已經提出了一種替代西方人類學的模式。與西學一樣，我們的學科向來也存在一個眼光局限問題。在過去的世紀裏，我們對於「具有解釋力的概念」的追求，往往與民族的自我振興運動聯繫在一起，我們忘卻了老祖宗歷史上曾經有過種種「天下觀念」，忘卻了老祖宗也常認為自己的思想是世界性的哲學。前輩曾以為，將古老的、封建的「天下觀念」讓渡給現代的「民族意識」，就能自動地締造出一種自主的人類學。結果我們悲觀地看到，局限於本文化的「理論」，很難成為「理論」，即使成為理論，也很難得到接受。歐洲社會理論只能解釋歐洲那個個別的文明。而中國的本土理

論能否解釋一切，一樣需要得到質疑。

在整個二十世紀，爲了跨越現代文明的局限，歐美人類學家走遍天涯，去尋找其他社會的生活方式，來克服社會理論的自我限制。人類學家將這種研究和思考的方式，叫做「他者的目光」。「他者的目光」有它自己必須解決的問題，但這是不是就等於說，我們因此不需要這種眼光？中國人類學曾用「本己的眼光」、「本我族類的眼光」來論說人類學，將這門學科本土化爲一門以「我」爲中心的人類學。越接近人類學一般知識的原貌，越使人懷疑這種民族中心主義文化觀對於中國的意義。人類學家要做的恰好是從「非我族類」中提煉出理論的洞察力。這樣一種普通的、一般的、平常的「人類學常識」，包含著特殊的、不一般的、不平常的意義。這種不平常的意義，顯然能提醒我們關注被我們忘卻了的過去，提醒我們重新揀起老祖宗的「天下觀念」。於是這本《人類學是什麼》意在說明這一「人類學天下觀」的來歷、表達方法與意義。

說「他者的目光」重要，不等於要說文化相對主義是人類學的一切。我願意把自己說成是一個文化價值觀的相對主義者，同時是一個社會認識論的普遍主義者。這兩種觀點，這兩種心態，似乎存在著立場的對立。然而，我能理解它們的統一：一個人類學家若不能相對地看待他人的文化，就很難理解這個文化；他若不能理解實踐這個文化的人也是人，就很難理解人之所以爲人的道理。《人類學是什麼》這本書，要儘量表達相對性與普遍性的結合，要從一般的人類學出發，進入「他者的目光」，再從「他者的目光」進入生活方式的「常識」，從這些「常識」進入社會構成的原理，再轉入學科在知識互惠中的意義，最後論述人類學的基本認識與價值。這樣做不是我的

發明。那些爲這種特定的人類學做出貢獻的一代代中外人類學家，使具有我欣賞的那種學術風格的存在成爲可能。我這裏說的「我」，因而就是「他們」——我在正文裏將要不斷提到的那些名字。

註　釋

[1]Edmund Leach, 1982. *Social Anthropology*. London and New York: Fontana.

[2]弗思，《人文類型》，中文版，費孝通譯，2001年版，華夏出版社，第3頁。

1. 人看人

　　要求人類學家從自身的文化中解放出來，
這並不容易做到，因爲我們容易把自幼習得的
行爲，當做全人類都自然的、在各處都應有
的。

——弗蘭茲・波亞士

　　弗蘭茲·波亞士（Franz Boas，或譯「博厄斯」，1858-1942），
德裔美籍人類學家，美國現代文化人類學奠基人之一。波亞士致力
於進化論歷史觀和種族主義的批評，提倡實地文化研究，崇尚文化
相對主義，所著《種族、語言與文化》闡述了文化人類學的基本思
路，另一本書《人類學與現代生活》則論述了人類學的品格及在現
代生活中的意義。

What Is Anthropology?

　　傳說裏常提到盤古開天的神話。故事說，最早的年代，天和地是不分的，像一個大雞蛋，盤古在大雞蛋裏孕育著，呼呼地睡覺。有一天，他突然醒了，睜開眼睛什麼都看不見，心裏一生氣，抓起一把大板斧朝著黑暗的混沌一劃，大雞蛋裂開了，輕而清的東西冉冉向上，成爲天；重而濁的東西沈沈下降，成爲地。天地分開以後，盤古生怕它們合攏，於是頂天立地，天每天增高，地每天加厚，盤古每天增長……孤獨的盤古後來需要休息，終於要死去，臨死的時候，周身突然大變，他的氣成爲風雲，聲音成爲雷霆，左眼成爲太陽，右眼成爲月亮，手足與身軀成爲大地與名山，血液成爲江河，筋脈成爲山脈和道路，肌肉變成田土……盤古創造了我們的世界。

　　許多古老神話傳說敘述著人與自然之間關係的初始狀態，盤古開天的神話傳說只不過是其中的一個。神話傳說意味濃厚，故事總是將世界的「生育」與人的繁衍連在一起，令人覺得世界的黎明是混沌，那時人與天地、星辰、野獸、草木之間的界限模糊，人在成爲人的過程中，人在離開我們賴以生存的天地、生物同伴和自然界，人在獲得自身文化的歷史中，感受著百感交集之情。神話傳說成爲探究不同民族的世界觀的依據，它是人的自我認識的最早表述，它帶著豐富的想像表述著人對自身的起源和本質的看法。從一定意義上說，自從人的神話傳說時代伊始，人類學的知識追求就出現了。神話傳說既是人類學研究的對象，又是人類學的原始前身。然而作爲一門學科，人類學終究不同於神話傳說，它是近代產生的現代學術研究門類。

　　人類學是一門西學，這個名稱來自希臘文的anthropos（人）和logia（科學），不用多解釋，是後來結合了古代文字來代指研

究人的學問。像神話傳說一樣，人類學對人最初始的生活世界有著濃厚的興趣，但它卻不像神話傳說那麼神奇。建立於近代科學觀念基礎上的人類學，期待在人類的自然特性和人類的文化創造這兩個方面客觀地——也就是容不得主觀想像地——認識人，避免神創論的影響，實證地探討人類的由來與現狀。於是，廣義地說，人類學家這門學科劃分成幾大塊，包括體質人類學（physical anthropology）、考古人類學（archaeological anthropology）、語言人類學（linguistic anthropology）及社會文化人類學（social and cultural anthropology）。廣義的人類學在歐洲曾盛極一時，但現在已被看成過去，現在的歐洲人類學中，體質人類學、考古學和語言學各自獲得了自己的一席之地，從人類學中分化出去了。除了個別的例外，歐洲人講的人類學，指的是社會文化人類學，這在德語、俄語及斯堪地那維亞國家裏，又曾被稱等同於「民族學」（ethnology），即對不同民族進行的社會類型的比較研究。廣義人類學還活躍地存在於美國今天的大學中。美國人類學的研究也分化得很嚴重，但美國人類學的傳授，長期運用比較廣義的定義，包含人類學的四大分支。其中「體質人類學」現在又稱「生物人類學」（biological anthropology），是研究人類的生物屬性的分支領域；考古人類學、語言人類學、社會文化人類學則被包含在「文化人類學」（cultural anthropology）之中，指對人類的文化創造力的研究。

1.1 人怎樣成爲人

曾興盛一時的體質或生物人類學，既強調人與動物界之間

的連續性，把人看成動物的一部分來研究，又主張在人與物之間延續性的分析中，展示那些將人與動物區別開來的特徵。這方面的研究，一度被人們稱爲「人體測量學」、「人種學」、「民種學」和「種族學」的研究。從十六世紀到二十世紀前期，歐洲存在對不同種族的體質差異的興趣，那時人們關心一些今天聽起來古怪的問題：爲什麼黃種人的鼻子那麼扁？爲何德國人的頭髮那麼金黃？黑人的額頭爲什麼那麼低矮？爲什麼有的種族多毛、有的種族少毛？這些種族之間的差別有多大？差異到底意味著什麼？四、五百年前，開始有人用儀器來測量種族差異。到十九世紀，在生物學家達爾文等人的影響下，原來從事人類種族的體質測量學研究的學者，開始對人類身體的進化產生濃厚的興趣。有關種族差異的研究一時也轉向了從動物到人的進化的研究，尤其是從猿到人的進化及人在環境適應過程中形成的體質差異。

　　傳統的體質人類學比較容易理解。你參觀一家人類學博物館時，會看到它有人類進化的主題展覽，展示了系列性的泥塑群和古人類的遺骸（主要是牙齒和頭骨），用雕塑和考古文物講述著一種人的進化史。你形成一種印象：這些遺留的骸骨，給我們展示了人怎樣逐步站了起來，變成「直立人」，而不是四腳著地的動物，變得比動物具有更爲廣闊的視野；人怎樣在必然和偶然之中，發現火的用途和重要性，變成吃熟食，而不再像野獸那樣生吞活剝，等等。人的直立行走，爲人類帶來了什麼樣的可能性，這是體質人類學的經典課題。體質人類學家認爲，直立行走使人擴大視野，提高了與其他動物的競爭力。不僅如此，直立人與動物相比，可以更眞實地看到他們的同伴，更容易形成相互的認識、相互的欣賞與群體的紐帶。人類學家

也相信，人吃了熟的東西，腦的結構會變得比動物複雜，為自身的文化創造提供了生物學的基礎。這些表現人的創造和身體演變之間關係的展覽，大體上講還是體質人類學家關心的核心問題。

體質人類學的研究，尤其是古脊椎動物、古人類的研究，為我們提供了一幅人類自身身體進化的歷史圖景：約在五百萬年前，東非大草原是人的最早祖先的生活場所，那裏的南方古猿由公猿、母猿和子女組成小群體，他們狩獵動物，用最原始的石頭、骨頭和棍子來與其他動物爭奪生存的空間。這些初步直立的類人猿，手變得越來越靈巧，智力得到逐步的增進。大約在一百六十萬年前，南方古猿消失了，取而代之的是成熟的直立人，他們廣泛分布在東半球，如中國和爪哇。他們的腦容量增大了，使用的工具也得到進步，製造的工具和武器逐步精緻化。十五萬年前，人類得到進一步的發展，以尼安德特人為代表，他們有了系統的語言和原始的藝術，初步形成了社會的道德風尚，但仍然不能生產食品。到一萬五千年前，人類社會產生了「農業革命」，食品生產社會出現，人開始不完全依靠自然界的果實、野獸、魚類來生活，這從根本上改變了人的生存狀況。

研究人類的身體變化，主要的證據來自牙齒和骨骼的化石，而前者的地位很高，因為它表現出了進化的矛盾色彩。人類學家說，古人類的牙齒越鋒利，他生活的年代就越久遠。越古老的人類，越需要依靠鋒利的牙齒來與其他動物搏鬥，來咀嚼粗糙的食物。隨著人類的智力的發展，他們可以用人造的工具和武器來代替自然賜予的身體器官，於是牙齒越來越不需要被動用，變得越來越脆弱。牙齒的弱化過程，也是腦容量增

大、腦結構複雜化的過程。隨著時間的推移，人與自然界之間
「鬥爭」的能力越來越依靠智慧。人類學家將這種後生的智慧定
義爲「文化」。於是體質人類學研究的成就，不單在論說人與自
然之間的關係，而時常也與「文化」這個概念相聯繫。人類學
家認爲，越原始的人類，人口的密集度越低，人與人之間相互
形成默契的需要也越少，人可以發揮他的本能來爭取生存。可
是隨著人的進化，人的生存變得越來越容易，人口多了，就不
僅要處理人與自然之間的關係，還要處理人與人之間的關係。
於是，心理分析學大師佛洛伊德說的「本我」（ego），逐步要受
到作爲處世之道的「超我」（super-ego）的壓抑，這樣社會風尙
才能形成，人與人之間的「仁」——社會關係的文化表達——才
能發展起來。

1.2 文化中的人

　　體質人類學像純自然科學的研究，採用的是生物學的方法
來研究人，但它卻又曾是一種社會思潮。這種思潮曾影響了整
個世界，它的「物競天擇」之說，曾爲種族與種族、國與國、
民族與民族、群體與群體，甚至宗教與宗教之間的競爭提供依
據。意識到進化論的社會思想背景以後，一些人類學家逐步主
動地捨棄種族差異的研究，主張將體質人類學變成關注人與自
然界之間的連續性研究。後來隨著社會生物學（social biology）
的產生，體質人類學逐步轉向人性的遺傳學研究。由社會生物
學促發的新體質人類學研究，注重探討人的自我意識的長期傳
承，從生物遺傳學來探討人自我生存欲望的歷史延續性。與此

同時，體質人類學以外的人類學研究，越來越受到關注。

古人說：「玉不琢，不成器；人不學，不知義。」人類的成長歷程，就是文化的歷程，就是雕琢和學習的歷程。用「文化」這個概念來相對於「體質」，原來只是為了區分研究領域。體質人類學主要研究人的生物面、自然面，而文化人類學則指的是對人類所有的創造物——產品、知識、信仰、藝術、道德、法律、風俗、社會關係——的研究。不過人體的進化經常又與文化的進步互為因果。因而也有人認為，這兩個領域之間的關係是十分密切的。基於這一事實，一些學者認為「人的科學」不單是科學本身，還表達著我們對人及其文化的看法，因而人的研究務必特別關注透過人的語言、行為和造物表達出來的文化。

文化又是什麼呢？在我們中國的歷史上，「文化」的意思大體說來就是「化人文以成天下」，就是「教化」。而對人類學家來說，「文化」基本上不帶有「教化」的意思。作為學科定義的基本概念之一，「文化」指的是將人類與動物區分開來的所有造物和特徵，例如，人創造了工具、蓋起房子、懂得做飯，使我們與動物區別開來。這些人造的東西都是動物沒有的，人類學家稱它們為「文化」。這裏的「文化」是滲透到日常生活的所有方面的。從我們的頭上往下數，眼鏡、衣服、鞋子都是我們人的創造，從我們的家居到商店、工作地點、娛樂場所等，都屬於文化研究的範疇。這些東西，我們業已司空見慣，因而不怎麼注意，但它們卻是人有別於動物的特徵。人類學家一度認為，人與動物的差異主要在於人是直立的，而動物因沒有直立，而沒有獲得能用工具的手。這樣看人類的特性，曾經被廣泛接受，隨著文化理論的發展，文化人類學家意識

到，這樣單純看人是不充分的。有人竟諷刺說，「直立人」的
理論有點像是把公雞的羽毛拔掉，再讓牠站起來，說這就是
人。話說得有點過分，但意思是明白的：人如果脫離了人造
物，就不再具有人的性質了。主張專門研究人的文化層面的學
者，反對局限於人的體質，而主張從作為人的基本特徵的文化
入手來研究人。

　　人類學家為了研究「文化」，將自己置身於考古資料、語言
學資料和社會習俗資料的蒐集、整理和分析之中，試圖以專業
化的形式來深入地探討。根據資料性質的不同，文化人類學分
為考古人類學、語言人類學及社會文化人類學。考古人類學家
透過研究器物把人類文化分為「舊石器時代」（以石頭相互撞擊
出來的工具為主要特徵的時代）、「新石器時代」（以磨製石器
為代表的時代）、金屬器具時代（又分青銅時代、鐵器時代
等）。考古人類學家的研究不局限於物質文化，而廣泛涉及久遠
歷史上人類生存、生活方式的總體情況。他們中有大批學者專
門研究人類文明的起源。我們知道，與金屬工具出現的同時，
出現了文明。我們今天經常用「文明」來形容人的風雅，而在
人類學中文明指的是與「原始時代」（即石器時代）相區別的社
會形態，其核心表現為文字、社會階層和國家的出現。考古人
類學家對於從新石器時代到文明時代的過渡時期興趣濃厚，認
為研究這一時期，能使我們理解當今人類生活的歷史面貌。在
文明的研究中，文字的研究很重要。文字能記錄久遠的往事，
能使人與人、群體之間交流更為便捷，也為王權的建設提供了
文化基礎。文字同時能賦予某些人特殊的權利，使他們與一般
人區分開來，成為有地位的人。當然，其他的工具也很重要。
例如，如果沒有金屬工具的出現，就不可能有大規模的生產和

戰爭，而缺乏大規模的生產和戰爭，古代帝國的體制是不可能發展出來的。

用語言來溝通也是人之所以爲人的基本條件，於是人類學家也關注語言問題。語言是怎樣興起的，現在還是一個謎。人類學家研究語言大抵採取兩種辦法，一種是研究語言的分布和歷史形成，稱爲「歷史語言學」（historical linguistics）。這種方法與我們中國的方言學有些相近。中國的方言很多，有些地方過了一座橋就說不一樣的話。語言分布的複雜性和歷史形成過程，深受歷史語言學家的關注。另一種叫「結構語言學」（structural linguistics），是比較新派的研究，主要關注語言和思維之間的關係，帶有濃厚的哲學色彩。語言人類學發展到今天，也出現了對語言的社會意義的研究，特別關注語言的分類在道德風尚、社會結構及信仰體系中的重要地位。其中有人綜合語言學和儀式研究，來探討言論與觀念形態之間的關係，也有人側重研究語言在社會認同的構成中發揮的作用。

文化人類學的第三個分支，半個世紀以前曾叫「民族學」，現在中國、法國、日本等地還部分沿用。「民族學」分成描述的民族學和比較的民族學，前者或稱「民族誌」（ethnography），後者或稱「比較社會研究」（comparative sociology）。「民族誌」所做的工作，主要是蒐集各民族的文化資料。一段時間內，比較民族學又與比較社會學並稱，關注不同民族之間社會結構的比較分析。後來，德國和英法之間的人類學產生了理論分歧。德國（北歐、俄羅斯等國）保留了民族學這個概念，注重研究物質文化背後的民族精神（ethnos）和文化，而在社會學理論的影響下，英法則靠的是「社會」（society）這個概念。德國在民族國家的建設中保留了君主立憲制度，同

時十分重視國內全體人共同享有的「文化」，它的民族學即是以研究大眾共享的文化爲特徵的。這種思想後來由猶太人傳到了美國，在美國形成了與英法不同的人類學風格，稱爲「文化人類學」（狹義的文化人類學），研究的是一個民族的整體文化特徵。在英法，民族學與社會學的很多因素結合了起來，被改造成「社會人類學」，分專業研究社會組織、經濟、政治制度和宗教儀式等。經一段時期的融合，以「文化人類學」和「社會人類學」爲標準區分的研究風格，成爲我們今天所說的「社會文化人類學」。

1.3 一樣的人，不同的文化

　　人們經常將風俗、禮儀的不同，與種族的不同聯繫起來。但是，體質人類學的研究與文化人類學的研究，分別從不同角度說明這兩種東西沒有必然的因果關係。人與人之間的種族差異，其實都是表面的。人類學家曾經致力於種族差異的研究，最初根據皮膚和毛髮的顏色、四肢和骨骼的差異來分析種族之間的文化差異。後來有人從血型的比較分析來爲種族差異理論尋找依據。到最後，人類遺傳學的發展則使我們看到，全人類的基因是基本一致的，種族的差異是表面現象，不可能導致種族之間的「智力」、「性格」和文化的不同。那麼，怎麼解釋不同民族之間的諸多習性、爲人方式、世界觀、態度、道德、政治模式等方面存在的差別呢？這些差異是不是巨大到如此程度，以至於文化與文化、民族與民族、群體與群體之間無法溝通呢？或者說，這些差異是不是微小到可以被忽略不計，以至

於我們可以提出某種普遍性的人性論呢？

　　回答這些問題時，體質或生物人類學家和文化人類學家，各自有各自的辦法和觀點，前者更注重人類遺傳學的研究，而後者則大多數訴諸於文化的解釋。未來科學的發展能否證明人類的文化來源於我們的基因和神經系統的構造，現在還不得而知。就目前的證據來看，人的主要特性是社會性，因而人類學家主張，人的研究應有別於動物的研究，反對將人當成非社會的動物來看待。在這一前提下，人類學越來越脫離那種非社會、非人類的「自然科學」軌跡，而轉入人文學和社會科學來尋求解釋。這樣一來，注重體質或生物人類學研究的那批學者，也就越來越專業化，加盟於動物學、生物遺傳學和神經病學等領域中去，而其他的大多數人類學家，則保留了他們對於人文學和社會科學的關懷。「人類學」這個名詞，現在一般指作為人文學和社會科學的人類學，通常不需要以「體質」和「文化」來區分。所以當一個學者告訴你「我是一位人類學者」時，你就知道他也是人文學和社會科學家。

　　在世界上眾多的人類學家當中，可能由於社會觀念、理解方式和價值觀的不同，而分化為不同取向和風格的人類學。有些人類學家注重研究不同社會、不同民族和不同群體的生活方式和文化的創造性，他們以展示文化的豐富性和多樣性為己任，他們的成就顯示出一種強烈的人文學追求。另外一派的人類學家則更像社會科學家，他們有的注重從經驗事實中歸納出某種一般的、具有普遍意義的理論，有的認為經驗事實如果脫離於社會科學理論的推理便無法解釋。在過去的一百年中，人文學傳統的人類學與社會科學傳統的人類學兩派之爭，受到了廣泛的關注，影響極為深刻。兩派學者的爭論，其實是由文化

的多樣性與人的一致性這兩個不同概念之間的矛盾引起的。這
個矛盾還會長期延續下去，但不阻礙人類學家同時關注文化的
相對性和一般性。著名人類學家張光直先生生前說的一段話值
得一引：

> 這個新學科的特點，是把個別文化放在從時間上、空
> 間上所見的各種文化形態當中來研究，同時這種研究是要
> 基於在個別文化中長期而深入的田野調查來進行的。用這
> 種做法所獲得的有關人文社會的新知識，一方面能夠深入
> 個性，一方面又照顧了世界性；一方面尊重文化的相對
> 性，一方面確認文化的一般性。這種做法，這樣的知識，
> 是別的學科所不及的，因而造成人類學在若干社會科學領
> 域內的優越性。[1]

1.4 價值觀

　　一門科學，無論它採取什麼樣的理論，都要追求反映事實
本身，這也就是我們所說的「求真」。研究人類及其造物的人類
學，對於人類的「真相」是什麼這個問題，當然也不例外地加
以關注。在這門現代學科中，從自然科學延伸出來的論述很
多，人類學家曾用物理學的解釋模式來看待社會構造，也曾用
生物學的解釋模式來推論人的身體與社會有機體的發育歷史。
可是，與真實的人接觸得越深、越密切，人類學家對於從研究
物的過程中提煉出來的認識論模式，就會越來越失去信任。人
類學研究的是人，他們有什麼資格來對其他人的「真相」下定

論？從學者個人的層次看，這個問題牽涉到人人平等的倫理觀如何在人類學中得到尊重的問題；從學術的文化傳統層次看，這個問題又牽涉到研究者所處的文化傳統能否被用來推論出一個普遍的人性論的問題。

在我們這個時代，西方的人性論經社會科學規範學科的「普及」，已經深深影響著我們對自己的看法。所以著名人類學家薩林斯（Marshall Sahlins）最近寫了一篇長論，號召人類學家對西方人性論展開「考據學的揭示」[2]。在這以前的人類學當中，並非不存在不加反思地推延西方人性論的做法。可是更多的人類學家也能像薩林斯那樣，對於近代文明的世界進程採取審慎的態度。經過漫長的跨文化旅行，人類學家通常能回過頭來思索一個逐步被淡忘的問題：在人生活的社會中，什麼時候「真」的東西真的離開過人們對於善和美的追求？當真離開善和美的時候，我們人類是不是真的像有人想像的那樣，抵達了一個自由王國？如果說對純粹「真」的追求是啟蒙運動以來的幾百年歷史中被普遍化了的西方式信仰的話，那麼人類學家所要指出的，正是對純粹的「真」與置身於社會的善和美之間的關係，因為只有在極不正常的社會中，這三個東西才是分離的。

說「真善美」三位一體，不等於說我們要用道德和藝術來取代學問，而無非是要指出：在不同的文化體系中，真、善、美的結合方式構成不同的解釋模式。過於強調人類學對於「真」如何決定善和美——社會中的道德倫理體系和文化創造體系，會忘記一個真正的事實：對於「真」的追求，往往與猶太—基督教的「惡」的人性論難以分割。而追求純粹的「善」和「美」，同樣使我們忘記社會中的道德倫理體系和文化創造體系，隱含著值得我們去認識的真相，它們是人的造物——世界先於我們存

在。怎樣面對人類歷史的那數百萬年以來祖先給我們留下的難
以解答的問題？優秀的人類學家在他們的體會式理解中尋找著
一個深刻的教誨：儘管文化的差異可能導致文明的衝突，但如
何採取一個「和而不同」的文化觀來觀察我們人自身，是我們
接近人的「眞相」的必經之路。如果能這樣理解人類學，那麼
我們對「人類學是什麼」這個問題就會有一個內在的理解。

　　人類學家研究的是人，他們要同時關心作爲研究對象的人
和作爲具有獨立人格的人。怎樣使這樣的學問同時進行眞相的
揭示、道義的延伸、創造的呈現？這是一個多世紀以來人類學
家探討的主要問題之一。在這一不算太短的時期裏，人類學家
以爲他們找到了一種能夠暫時滿足那個尙未實現的願望的「竅
門」，他們沈浸於深深的思索中，用一種對不同文化的富有意味
的描述來表達人的面貌。我們將這種思索叫做「文化人類學」、
「社會人類學」或「社會文化人類學」，而且認定這種學問是人
類學的核心內容。

註 釋

[1]張光直，《考古人類學隨筆》，臺灣聯經出版，1995年版，第56頁。

[2]薩林斯，《甜蜜的悲哀》，中文版，王銘銘、胡宗澤一譯，三聯書店，
　　1998年版。

2. 他者的目光

　　我們的學科讓西方人開始理解到，只要在地球表面上還有一個種族或一個人群將被他作爲研究對象來看待，他就不可能理解他自己的時候，它達到了成熟。只是到那時，人類學才得以肯定自己是一項使文藝復興更趨完滿並爲之作出補償的事業，從而使人道主義擴展爲人性的標準。

──克羅德・李維－史特勞斯

　　克羅德·李維－史特勞斯（Claude Lévi-Strauss, 1908-　），法國結構人類學大師，二十世紀人類學的集大成者。他主張從人群之間的交流來透視社會，為此他對親屬制度、神話、宗教展開廣泛的探討，為比較人類學提供了最精彩的範例。他著有《親屬制度的基本結構》、《結構人類學》和《神話學》等名著。

　　閱讀現代人類學的經典之作，令人對這門學科產生一個印象：致力於人類學研究的學者都十分關心「別人的世界」。「別人的世界」可能指石器時代的世界，但更多地指人類學家研究具體的人群時面對的不同於自己的文化，它在人類學中常被形容為大寫的「他者」（other）。在研究不同民族的社會與文化時，人類學家還十分強調區分「主位」（emic）和「客位」（etic）觀察方法的區分。主位法和客位法來自於語言學，原本分別指操某種語言的人對於自己語言中細微的語音區分，與外在於這種語言的人可能做的區分之間的差異。在人類學方法中，主位的觀點被延伸來代指被研究者（局內人）對自身文化的看法，客位的觀點被延伸來代指這個文化的局外人的解釋。主位的觀點於是延伸來指一種研究的態度：人類學家強調要從被研究者的觀點出發來理解他們的文化，而且拒絕用我們自己的範疇將被研究的文化切割成零星的碎片。

　　關懷其他民族、其他文化，不單是因獵奇心態使然，多數人類學家同時關注自己的社會、自己的文化，他們觀察別人的社會時，總懷著理解包括自身在內的全人類的希望。所以人們經常將人類學洞察的特徵總結為「文化的互為主體性」（cultural inter-subjectivity）。「文化的互為主體性」指的是一種被人類學家視為天職的追求，這種追求要求人類學家透過親身研究「非我族類」來反觀自身，「推人及己」不是「推己及人」地對人的素質形成一種具有普遍意義的理解。「文化的互為主體性」聽起來很容易理解，好像是我們一般人都知道的常識——我們的老祖宗早就說，「他山之石，可以攻玉」，但這樣一種「常識」成為一門學科的基礎觀念，卻來之不易。

2.1 人的「發現」

融入文化接觸之中認識自己的群體，進而獲得對自己文化的自覺，這種做法的歷史很久遠。一些原始部落的圖騰制度，就是透過諸如「熊」圖騰與「狼」圖騰的區分和聯繫，來對自身文化的獨特性加以強調的。今天人類學主張的「他者」的視野，可以說與他們關注的原始圖騰制本身有很多相近之處。他們像原始的部落人一樣，關注自己在一個「非我」的人文世界中的自我形象。原始部落的圖騰制度向文明社會的轉型，給人的群體的自我認識帶來了深刻的變化。在史前社會中，群體的自我認同帶有濃厚的神秘色彩。古老的人類群體，大多以動物來形容人自身，對他們密切接觸的非人世界懷著既尊敬又恐懼的雙重心態，對其他群體也經常用兇猛的動物來加以形容。到了早期文明時代，「人」區別於動物的心態發生了，占支配地位的群體通常將自己形容成「人」，而將其他群體形容成動物。古人說「人者仁也」，意思就是說「人」就是由一些個體的人組成的道德秩序群體。「仁」的觀念包含著遠古時期的一種社會理論，它指的就是人的社會性。但是這種社會性的觀念是有它的特定文化局限性的。

老祖宗經常將這種意義上的「人」當成是「我們自己」，對於別的民族群體，通常用非人化的「蠻」等等來形容。「他者」在這裏主要是相對於有了「仁」的文明，而「仁」的觀念本身意思就是說，有了文明的道德秩序才算人。在我們中國的歷史上，「中原」和「華夏」這些概念大抵是在與周邊的蠻、夷、

戎、狄的對應下產生的。老一輩中國人類學家很重視民族史的研究，他們關注我們歷史上的族群之間互動、衝突、融合的過程，也關注民族之間分分合合的歷史。民族的歷史動態圖景與民族關係變化的歷史，爲我們揭示了一個文明體系內部文化之間相互區分和聯繫的歷史，而這一歷史本身，曾被著名人類學家費孝通稱做「中華民族多元一體格局」[1]。作爲一種理想，「多元一體」確是人類學家說的「文化的互爲主體性」的表現。類似的「人」與「非人」、「我」與「他者」之間的區分和聯繫中，確實含有人類學思想的苗頭。可是這種思想長期以來也被表達在我們老祖宗有關「禮」的論述中。

「禮」是從原始的互惠交換中脫胎出來的行爲哲學，指的是人與人之間、群體與群體（包括族群）、階級與階級之間交往的總體社會邏輯。這種邏輯本身也是一種政治儀式的實踐，因而不單純是一種對於文化的互爲主體性的學術探索。歷史上不乏有記載民族文化關係的重要資料，這些文獻記載著我們中國人表達的對於其他民族、其他文化的看法。例如，司馬遷《史記》的外國列傳的記載與現代人類學的民族誌記述有很多相似之處，因此不少人類學家認爲它是人類學思想的源頭之一。不過如果深入研究文明史中的文化觀，那麼我們就能看到，古代的民族文獻與現代人類學還是有區別的。我們中國古代的民族觀，就有「大民族主義」這一面。所謂「大民族主義」，指的就是對「非我族類」的偏見。這種偏見裏頭或許能寬容些許文化互爲主體性的因素，但是它的等級色彩很濃，與我們歷史上處理民族之間關係的朝貢制度有著密切的關係，表現的是邊緣與中心之間的等級關係。這種等級關係是由軍事、朝貢制度、禮儀制度和地方行政管理制度來維繫的，因而不單純是一種學術

的論述。

　作爲西方社會科學之一門的人類學，在其學科的發生之初，也帶有這種文化等級主義色彩。我們知道，西方人類學的原初觀念大致是在十五世紀以後逐步孕育出來的，跟西方探索世界、對外擴張的歷史分不開。一四九二年，哥倫布抵達加勒比海，以爲發現了「新大陸」，他的發現是個誤會，但卻促發了歐洲把握整個世界的欲望。從那年起到十九世紀中葉，歐洲探索世界的努力不斷。在這過程中，探險家們親自面對了很多不同於自己的人群，對他們產生了興趣。在那幾個世紀裏，將「蠻族」當成歐洲社會的「烏托邦」，用「野蠻人」來想像理想的秩序，是一個流行的做法[2]。但是到了十九世紀中葉，這種思想被人類學的早期思想取代。那時人類學得到了系統的闡述，是因爲那個時代突然出現某種以科學爲基調的文化等級論思潮。人類學史專家斯托金（George W. Stocking）在一本叫做《維多利亞時代的人類學》的論著中指出，十九世紀的人類學主要是進化論支配下的人類學，而這種人類學是在當時西方文化觀念的影響下形成的[3]。

　十九世紀的上半期，文化的等級高低，成爲政治家、學者和常人熱衷討論的問題。例如，維多利亞時代的英國，工業化和資本主義的發展，使很多人從王權觀念界定中的人的等級觀念中解放了出來，開始拒絕以人的世襲社會地位的角度來看待人的等級差異。在這樣的情況下，英國人開始面臨一個問題，即如何解釋國內文化的等級高低。說得明白一點，當時的英國人在工業化的成就中看到了英國民族的「輝煌」，同時在不斷被侵襲的農村中，他們又看到了很多與正在成爲主流的「資本主義精神」大相逕庭的生活習慣。在都市中，理性的新式基督

教，顯然已經占據了支配地位。而在英國偏遠的農村，妖術、
巫技等習俗卻還很流行。此外，被傳統制度制約著的親屬關
係、兩性關係，也與都市的大社會完全不同。那些致力於啓蒙
民智的學者和政治家，在國內的狀況下解釋文化差異的緊迫感
便油然而生。

　　矛盾的是，在啓蒙哲學家的影響下，西方學者對於原始社
會和東方社會有著很多美好的想像。到十九世紀，隨著歐洲的
世界性擴張，使一大批商人、探險家、海盜、傳教士、學者有
機會親身看到了人類的種族與文化差異的面貌。這些走向世界
的歐洲人，堪稱第一批業餘的人類學家，他們從歐洲出來，看
到世界各地的很多人種和文化，其中有的種族長得像人又不像
人，文化非常低下，能說話但不會寫字。在非洲的熱帶，他們
發現了很多黑人，一絲不掛或只掛一絲，社會生活處在「野蠻
狀態」，難以與文明風範相比。他們中有的到了中國、印度、埃
及，發現這些地方的文明非常發達。像啓蒙哲學家告訴他們的
那樣，這些國度確實有值得西方學習的地方。但是進入工業化
時代的歐洲人，卻再也不能忍受這裏的官員和人民的繁瑣禮儀
和缺乏效率。怎麼樣看待種族的差異和文化的差別？他們以自
己的文化爲中心，對這些文化進行年代和價值的判斷，造就了
一種文化進化的思想。

2.2 近代人類學

　　歐洲發達國家近代文化的經驗，催發了當時的人類學家對
於人類差異的研究，而在一段相當長的時間裏，達爾文的生物

學進化論，爲種種研究提供最爲方便而有效的方法。在體質人類學方面，生物學進化論的沿用，使人類學家將世界劃分成有智力高低的生物界，而這種智力高低的生物界又與某種特定的文化差異觀念完全對應起來，成爲社會和文化的進化論，影響了整個社會理論和人類學的發展。進化的理論不是完全沒有道理的，但是它包含著一種西方中心的普遍主義思想。當時的西方人類學家簡單地把英、法、德的窮苦農民與歐洲以外的其他民族等同看待，視他們爲低級的古老文化。用所謂「科學」的方法將這些文化排列組合成一定的時間順序。這樣一來，早期西方人類學對於「他者」的論述，就深深地打上了文化等級主義的烙印。

西方人類學形成的過程，與西方中心的現代世界體系的形成是同步的。近代的世界圍繞著逐步由地中海文明推及到世界各地的經濟政治體系，形成了中心、半邊緣和邊緣的等級體系。這一體系與中國古代的朝貢制度有很大的不同，它不是以「禮尚往來」爲主要手段來維繫的，而是以貿易、軍事征服和政治誘導爲基本方式構造出來的。在這種過程中產生的人類學，必然帶有殖民主義色彩。同時，近代以來在西方形成的人文社會科學學科化，也對應著歐洲國家內部的部門區劃。例如，近代西方的歷史學闡述一個民族國家的「自傳」，政治學對應著一個民族國家的政府，經濟學爲這個民族國家的市場和財政提供發展的依據，社會學與它的公共政策、民政、社區服務等等形成密切關係。三十年來的西方人類學史研究說明，近代人類學緣起於十九世紀西方民族國家的對外擴張。那個時候，人類學也曾經服務於西方的某些部門，特別是與殖民政府對於殖民地的統治有關。人類學與其他社會科學在這一方面的分工，正好

也說明這門學科與近代以來世界格局的變化有著某種難以割裂的關係。

現代民族國家與學科體制之間的這種特殊關係，在十九世紀中葉表現得最爲明顯。要瞭解這一點，不妨一讀華勒斯坦（Immanuel Wallerstein）的《開放社會科學》，書中講述了十九世紀時大學內的各個社會科學學科是怎麼來的[4]。華勒斯坦的觀點是，西方社會科學的興起，與西方民族國家的內外事務的專業化有關。我自己也覺得，西方社會科學學科對中國來說雖是後起的「舶來品」，但是華勒斯坦的分析也能適用於人類學史的剖析。中國最早的人類學引入發生在一九二六年，北大校長蔡元培寫成〈說民族學〉和〈文化人類學〉兩篇文章；再早更可以追述到嚴復翻譯的《天演論》。更早也有中國的外交家和思想家，如郭嵩燾、康有爲，遊歷歐洲時寫下的見聞，也有人類學的色彩。他們共同關心一個現在看起來非常簡單的問題：爲什麼羅馬帝國會分裂成眾多小國？當時，他們沒有問到爲什麼這些小國反而更加強大？他們只是在羅馬那裏大發感慨：要是羅馬帝國還是那麼強大，那麼大清帝國豈不是要滅亡了？其實，根據華勒斯坦的研究，所有這些學科，歷史學、財政學、社會學、經濟學這些知識體系的興起，都是歐洲的那些「犬羊小國」（相對於帝國的民族國家）內部事務的產物。只有人類學是處理外部事務的產物。歐洲以外的民族和國家都是歐洲征服的對象，你怎麼治理和看待這些國家，所以人類學在大學也就應運而生。在中國十九世紀末期產生西方人類學翻譯和引介事業，與歐洲人類學的興起過程背景有所不同。對於歐洲來說，民族國家的內外事務是核心問題，而對中國來說，重要影響主要來自「天下」在民族國家時代面臨的內外危機。

2.3 不成功的轉變

進化論在社會思想中起過的作用是巨大的，它引導人們脫離了對於神的全身心服從。假想一下，如果你是生活在五百年前歐洲教堂裏的修士或者修女，你就會出於自願或被動反覆閱讀《聖經》，不斷地闡釋《聖經》中的道理。突然，有一個修士站起來說：「哎，不要再講了，這些完全是落後的東西，我們要講進步，《聖經》不能告訴我們進步的故事。」那時，說了這句話的那位修士一定會遇到麻煩，遭到他人的訓斥。爲什麼？因爲那個時代的人們對於進步的觀念很恐懼，覺得與道德的混亂有關。

中世紀的時候，歐洲有許多科學家都是在教堂做研究的，但他們有的話不敢多說，有的即使說了，也不會承認說的是「進步」。當時，「進步」與「不道德」幾乎是同義詞。一百年前的中國大體也一樣，那時維新是要冒風險的。你說到「進步」，統治者就以爲你要推翻他；你說「新」，統治者就以爲你是說皇帝昏庸了。新舊是有道德意義的，新的東西很危險，被稱作「奇技淫巧」，舊的東西反倒是幾千年來一直宣揚的東西。朝廷從不宣揚前代，例如明代宣揚的是宋代，清朝宣揚的是漢代。我們設身處地地想想，在康有爲的時代，我們有沒有膽量質問天下是不是要重新設計？我們很多老祖宗會說康有爲在搞邪門歪道，只有少數人認爲他的說法有預見性。

我這樣說無非是要指出：人類是到了近代的時候才開始標榜進步論這種思想的。我們知道，在歐洲，將別的民族當成

「落後民族」的觀點是後起的。在哥倫布以前，西方人對非西方的文明也是很嚮往的。馬可・波羅就是這樣一個人。他是一個旅行家，偶爾見過忽必烈，就吹噓這位大汗對他多麼好，很多重要的事情都向他詢問；他又如何見到了多少東方的奇妙之物，眞有點像劉姥姥進了大觀園。比馬可・波羅更早一些，有位歐洲傳教士跑到非洲的沙漠上去，看到那裏的人對什麼東西都頂禮膜拜，樹也是神，河也是神，什麼都是神，他就認爲這些人才是「純潔的天主教徒」。從社會理論的社會根源來說，進步的思想是在歐洲十八世紀時才逐步發展起來的，它到了十九世紀才開始被廣泛接受。

　　要理解它的興起和傳播歷史，史托金的人類學史論述很有幫助，他令我們有可能眞實地想像那時英國的情景。當時的英國有一些民俗學家，他們有的是資產階級，有的是沒落貴族，他們專愛蒐集骨董和探察奇風異俗。這些資料使他們反思爲什麼「他們」（民俗的承載者）那麼生活、「我們」（研究者所處的階級文化）這麼生活。這裏的「他們」和「我們」是有等級差異的——「他們」比「我們」落後。這種階級性的對比，後來與英國的殖民主義經驗結合在一起，使文化等級主義的觀點進一步得到發展。那時的英國紳士看到不同國家的「土著」不僅長得不同，服飾也不一樣。在非洲和太平洋島嶼，人們不穿衣服。而在印度、中國這樣一些國家裏，人們穿著對英國人來說奇形怪狀的衣服。中國的男子還紮辮子，眼睛很小，女人纏足。黑人更讓英國紳士覺得費解，他們於是懷疑這些黑色的人類與猩猩同屬一類。英國當時去海外的人，很多都是本國低賤的人，卻也要歧視別的民族。他們把自己國內的階級差異搬到了海外，於是把「他者」想像成比他們自己還要落後的階級。

　　由民俗推及生活風尚，只是當時社會思想變化的一個側面，其他的側面還包括「宗教」這一說。在歷史上的很長時間裏，西方人相信教徒和異教徒都來自於同樣的信仰，人在神面前是平等的。直到史賓諾莎時代，人們還認為所有宗教來自對不確定現象的懷疑：就像小狗見到樹在動就會叫一樣，我們人看到樹在動就懷疑樹是有靈的。可是，隨著歷史的發展，信仰演化成了一個很嚴肅的問題。越來越多的科學家認定原始人不像天主教和基督教那樣相信同一個耶穌。原始社會的信仰沒有這麼「崇高」，凡是有惡意的東西、對人有挑戰的東西都是可信的。例如，村莊旁邊的森林，就可能是被崇拜的對象，所有有力量的東西都有靈性，這就叫做「萬物有靈」。在進化論者看來，從「靈」到「進步了的」神，是一個歷史的進步，但神性的這一連續性，同時也說明人的心理狀態是一樣的。可以想見，近代人類學的先驅對人類歷史發展懷著一種樂觀的想像，但這種樂觀背後隱藏著一種矛盾的心態。一方面，近代人類學家認為他們看到的非西方人是原始的，比他們自己的文化落後；另一方面卻又認為，由於大家的心智一樣，因此隨著歷史的發展，人最終會變成一樣進步。

　　對於諸如此類的文化進步論思想，我們今天用「進化論」來形容，它來源於近代歐洲的文化等級思想，後來又與生物學進化論相結合，變成社會達爾文主義的一種。進步和進化觀念演變的過程，也是社會思想「自然科學化」的過程，它推動了人類學的學科發展，但也給我們留下了一個深重的歷史矛盾。進化論將人類的進化看成是必然的勻速進程，而沒有合理解釋不同的民族為什麼處在進化史藍圖中的不同階段。為了協調人類一致的進步歷史與文化多樣的差異，近代人類學家訴諸一種

臺階式的宏觀歷史敘事，將與西方不同的文化看成遠古文化的殘存，將西方當成全人類歷史的未來。這種做法實質上是文化等級主義的一種表述。

到十九世紀的後期，爲了克服進化論的這種矛盾，一些人類學家對於文明的歷史提出了新的看法。我們知道，這種十九世紀末的文化反思，被人類學家自己總結成「傳播論」（diffusionism），它主要來自德國、奧地利和英國。我們中文用「傳播」來翻譯 "diffusion"，又用同一個詞來翻譯 "communication"，其實這兩種「傳播」的意思大不一樣，前面一種「傳播」指的是從文明的中心向邊緣傳遞文化的過程，後面一種指的是一種雙向的文化互動過程，也指圍繞「傳播」而展開的社會一體化進程。理解了這個差異以後，我們就很容易知道，近代人類學的「傳播論」，也是文化等級主義的一種表述，儘管它的觀點正好與進化論顛倒過來了。大多數持傳播論觀點的人類學家，對於考古學、語言學和民族學的資料都極爲重視，他們也是博學的歷史學家。透過古史的研究，他們認爲文明的歷史是文明逐步分化成不同的邊緣文化的過程。在古代的非西方世界，文明高度發達，到了後來這些文明逐漸衰敗成非洲、中東、中南美洲、亞洲的「世界少數民族文化」。在文明古國的核心地區，古代的時候，文化發達到極輝煌的程度，它的某些因素因移民和工具的傳播流傳到邊緣地區，保留至今，但與古代的文化不能同日而語，因而文化的歷史進程就是一個文化的衰退過程（degeneration）。

傳播論的觀點怎麼理解？我們可以舉一個假想的例子來說明。比方說，北京中關村造了蠻先進的電腦，經過一年輾轉傳到了貴州山村。根據進化論，一年後的東西，應該比一年前的

先進。但是「考古證據」證明，貴州山村因經濟的原因繼續用這台電腦，後來中關村用 Pentium 處理器了，山裏的人們還不知道。過了很長的歷史時期，因爲突發的事變，中關村失去了它作爲電腦文化中心的地位，而貴州山村卻還對他們擁有的來自中關村的那台老電腦頂禮膜拜。傳播論者如果看到這個假想的例子一定會很興奮，因爲這正好說明文化濫觴的歷史過程，說明文化是怎樣從一個中心傳到一個邊緣地區，接著在邊緣地區被保留爲「神聖的遺產」的。這也是一種文化等級主義的看法，它注重的不是時間推移過程中文化的進步過程，而是空間擴散過程中文化的衰退過程。

倒過來想像一下傳播論與進化論的差別，我們知道前者認爲人類文化是隨著時間的推移而不斷退化的，而後者則堅持認爲，隨著時間的推移，進步是必然的。再舉宗教的例子，傳播論認爲原始宗教的混亂現象，是因爲當代原始部落民眾忘記了古老時代的嚴謹信仰，而進步論則認爲，這種混亂的宗教是近代基督教的前身。十九世紀後期，傳播論的興起與歐洲人的心態發生的一個重大變化有密切的關係。以往，歐洲帝國主義的上升給歐洲人帶來了充分的自信。這時，世界的混亂、歐洲內部的矛盾及人們對於資本主義的反思，給了不少學者新的啓示，使他們不再相信歐洲文明的無限生命力。他們之中的一些人甚至從樂觀轉向悲觀，認爲文明是有生命周期的，文明會生，也會死的，文明中心的死亡，可能意味著邊緣的興起。到二十世紀初，史賓格勒寫了《西方的沒落》，充分總結了這種新的文明論。在同一過程中，很多人類學家也轉向了一種新的人類學探索。雖然傳播論一樣有很多缺陷，但是它帶來的那種悲觀主義的歷史觀深刻地影響了二十世紀的人類學家，令他們更

謙虛地看待自己的文明。

2.4 現代人類學

　　要理解人類學，首先要理解促發這門學科發生的種種歷史因素。直到今天，古代朝貢體系及近代殖民主義對我們仍有影響。在文化接觸過程中，我們仍然看到不平等族群和文化關係在爲文化等級主義提供言論的制度基礎。從一定意義上，我們可以認爲，人類學曾經爲這種文化等級主義提供根據，甚至服務於新舊殖民主義。然而，這種種複雜的歷史因素不能代表人類學本身，也不能否定這門學科的存在意義。我們今天所知的人類學，已經與古代和近代的文化論述形成了鮮明的差異，這種人類學追求的，是一種區分於文化等級主義的觀念形態——文化的互爲主體性。至今爲止，這種觀念仍然沒有被所有人類學家接受，但自從二十世紀初期以來，經過一代代人類學家的努力，它已經紮根於人類學這門學科。現代人類學的觀念形態是如何產生的？對於這個問題，人類學家自己有不同的看法，但一般公認，它在二十世紀的上半葉得到了深刻的詮釋。

　　二十世紀前期的人類學，以英國、法國和美國的人類學理論爲主導，得到了空前的發展，那些構成現代人類學基礎理論和方法的東西，也是在這些國家首先提出來的。在英國，現代人類學的奠基人是馬林諾夫斯基（Bronislaw Malinowski）和布朗（A. R. Radcliffe-Brown）。馬林諾夫斯基是波蘭人，來到英國人類學界，與進化論者和傳播論者都有過師承關係。第一次世界大戰期間，逃了兵役，跑到特羅布里恩德島（Trobriand

Islands）去做田野，在那裏提煉出了最早的現代人類學方法論。布朗是典型的英國人，既嚴肅又風趣，這種風趣與中國的不同，是酸溜溜的那種風趣。兩個人長得也不一樣，馬林諾夫斯基光頭，眼睛炯炯有神，很清瘦，他是波蘭人，總是遭到德國人欺侮，所以對東方人比較善良。布朗不一樣，他有紳士派頭，像是要教訓別人似的。布朗後來在牛津大學把持一個研究所，與馬林諾夫斯基在倫敦大學領導的倫敦經濟學院人類學系對陣，兩派各有自己的主張，但他們從不同的角度爲現代人類學做出了巨大貢獻。

馬林諾夫斯基的主要貢獻是對作爲人類學基本方法的民族誌進行典範論證與系統闡述。馬林諾夫斯基反對老一代人類學家坐在搖椅上玄想人類的歷史，他認爲，基於探險家、傳教士和商人撰述的日記、報導和遊記來做的人類學研究，屬於道聽塗說；作爲一種「文化科學」的人類學，必須經過親身的觀察，才能有自己的資料基礎，才能避免本民族對他民族的文化偏見。這怎麼理解？讀過馬林諾夫斯基的《西太平洋的航海者》一書的人，對於他的思路會有一個全面的認識[5]。這本書是馬林諾夫斯基所著的大量作品中最爲經典的一部，它以一種奇異的庫拉（Kula）流動模式爲主線，描述了固定的象徵物交流，怎樣圍繞紅色的貝殼項圈和白色的貝殼臂鐲展開，以順時針和反時針兩個方向，經過交易夥伴的集體航行，將一個個新幾內亞小島聯繫成一個整體，成爲一個生產、制度、觀念體系和實踐的整體形態。他的研究說明一個重要的觀點：對於非西方文化的研究，不能採取進化論宏觀歷史觀念的臆斷，而必須沈浸在當地生活的細微情節裏，把握它的內容實質，以一個移情式的理解，來求知文化的本質。馬林諾夫斯基指出，一個合格的人

類學家，要先對地方文化進行深入考察，才能寫出人類學論著來。他強調，人類學家要參與當地人的生活，在一個有一個嚴格定義的空間和時間的範圍內，體驗人們的日常生活與思想境界，透過記錄人的生活的方方面面，來展示不同文化如何滿足人的普遍的基本需求、社會如何構成。

馬林諾夫斯基的人類學是一種「實際的人類學」，與非實際的、模糊的、理想主義的人類學不同。這種人類學的創造性很大，對二十世紀人類學的發展起到了極為重要的推動作用。在馬林諾夫斯基以前，很多西方人將非西方文化看待成古代奇風異俗的遺留。馬林諾夫斯基認為這種看法站不住腳，他說要是人們親自去體驗非西方生活的話，就會承認所有的人類基本的需要是一致的，所有人都要吃早飯，要跟人交往。我們到別的民族中去看的時候，不能孤立地看，要把他們生活的方方面面都連在一起。同時又在考慮文化作為一種工具，是如何被人們創造出來滿足他們自己的種種需要的。這種既考慮到整體又考慮到文化滿足人的需要的看法，被稱為「功能主義」（functionalism）。

馬林諾夫斯基說自己的人類學是「浪漫的逃避」，他研究的小島以前是西方探險家的樂園，而馬林諾夫斯基則躲在這個很美的地方，做「桃花源式的人類學」。一九四二年，在他去世那年之前，他意識到自己的東西好像沒有用，他當了老師，不得不告訴學生世界上發生了什麼變化。他在倫敦經濟學院辦了一個研討會，裏面出了一個學生，就是弗思這位後來被認定為「英國人類學之父」的人類學家，他透過個人的努力為人類學與政府的合作找到了途徑，主張人類學應為改良文化之間的關係、殖民地的管理等做出貢獻。

　　馬林諾夫斯基和布朗生前有很多學術爭論和私怨，但他對於人類學價值觀的理解，布朗也是暗自贊同的，他們都反對進化論，崇尚一種將非西方文化看成是活的文化而不是死的歷史的態度。布朗自稱自己的人類學是「比較社會學」，意思是說人類學是服務於社會理論建設的經驗研究和比較研究。他讀了法國社會學家涂爾幹（Émile Durkheim）的很多書，相信社會科學的基本追求是做孜孜不倦的「概括」（generalization）。如果說馬林諾夫斯基的民族誌有點以喋喋不休的故事為特徵、以故事的寓言式啓發為優點，那麼，布朗則不滿足於此，他要求民族誌要以「理論概括」為目的，其最終的前景，是基於跨文化、跨社會的比較研究提出一般社會學理論。於是，布朗強調「社會人類學＝比較社會學」，他認為一個民族的生活情況的描述，不足以代替具有普遍意義的理論。這對西方社會學來說如此（西方社會學長期以來停留在西方社會的研究上），對西方人類學來說也是如此（西方人類學長期以來停留在非西方社會的研究上），新的人類學必須綜合兩者，才能真正成為社會科學。

　　布朗的想法在他的《社會人類學方法》一書裏得到了比較全面的表述，他的理論觀點大致都來自於社會學家涂爾幹講的神聖是如何與世俗生活相互對應的、互為因果的[6]。世俗在他看來就是社會，而神聖則是社會的集體表象。用一個不恰當的比喻，馬克思認為經濟基礎決定上層建築，而涂爾幹則認為社會決定宗教。儘管表現不同，但是諸如宗教活動這樣的集體的東西，表達的是人們對世界的看法，反過來，這種集體的看法既反映社會的集體性，又是這一集體性的生成機制。涂爾幹還說過社會是什麼，一個社會，所有的人都加在一起，還不夠社會那麼大，社會大於個人的總和。他強調的是一種集體的關係，

它的雛形從義大利的波倫亞等地興起，起初屬於「結社」
（association）性質，後來變成全國性的聯繫體，稱爲社會
（society），最後跟民族國家的疆界重合，具有很強的凝聚力。

　　雖然涂爾幹的理論是很法國式的，與法國人的共同體經驗
有密切關係，但是英國的布朗提出的「比較社會學」大量參考
了這個想法。他關注的是涂爾幹的那個問題：社會是怎樣構造
的？要看社會這座大廈是怎樣建設起來的，就是要看社會的結
構，如同看待樓房的結構一樣。結構有一個形式（form），美國
人叫「文化的模式」，英國人叫「社會的形式」。布朗認爲內部
的結構決定了外觀的表現，而內部的結構本身之所以存在，是
因爲各組成部分形成相互依賴、相互作用的關係，這種看法叫
「結構—功能主義」（structural-functionalism）。一棟房子不能沒
有地板、天花板、牆壁，它們之間的物理學關係就是布朗要看
的結構—功能關係，而布朗的社會人類學，指的就是研究不同
社會如何把這個大廈建起來的過程。屬於他那一派的人類學
家，喜歡看實在的結構，所以也喜歡研究可見的政治制度。他
們所處的時代，很多非西方民族還不存在現代形式的民族國
家，爲了比較，他們研究了「沒有國家的社會」是怎麼建立
的，認爲這樣的對比有助於理解西方社會與民族國家的重合。

　　在同一時期，法國涂爾幹學派的社會學也引伸出了一種新
的人類學。英法社會人類學都受到社會學大師涂爾幹的影響，
兩國之間人類學知識和思想的交流很頻繁。但是，法國式的人
類學卻走了一條與英國有所不同的道路。值得一提的現代法國
人類學派奠基人，有葛蘭言（Marcel Granet）、莫斯（Marcel
Mauss，或譯「牟斯」）兩位。葛蘭言和莫斯都與涂爾幹有親戚
和師承的關係。葛蘭言是個漢學專家，但他的雄心遠遠超越漢

學，他想從中國資料看一般人類學的做法、看一般社會理論的可能性。我自己認為，迄今為止，在這一方面他是成功的少數人之一。他的著書很多，最主要的創新是提出結構人類學的基本說法，為法國結構主義提供了前提。葛蘭言著作很多，其中尤其有名的那本叫做《古代中國的詩歌與節慶》，討論了《詩經》這本書對人類學的啟發[7]。大家知道《詩經》分成風、雅、頌三個部分。大體來說，「風」是春天的節慶，「雅」是知識分子的吟唱，「頌」是宮廷裏的頌歌。葛蘭言認為這三個部分之間有一個互動和相互演繹的關係，這個關係也是一個過程，它展現了中國禮儀的起源在什麼地方。《國風》是最古老的，雅、頌都來自於風。「風」是關於性關係的委婉表現，那麼雅、頌代表的「禮」的文化，完全來自於古代的男女關係與群體間交換的基本關係。「關關雎鳩，在河之洲」就是說我看你在那邊好漂亮。這種對歌的關係是所有個人和個人、集團與集團之間的關係中最原始的，而不是涂爾幹的「社團」。這種對歌的關係，在後來被發展成為「禮」，在法國則被理解為「社會」或「總體贈予」（total presentation）。

　　葛蘭言認為，中華帝國的輝煌文明，就是透過改造原始鄉野的交換而形成的。他提到，上古的對歌經常發生在村落之間的溪流和山坡，後來這種村與村之間過渡的象徵，被提煉成「江山」，直接代表國家，抽象成帝國的象徵。其中秦漢時期的「封禪」是促成民間文化宮廷化的主要手法。「封」指泰山，「禪」是泰山旁邊的小山。一個象徵神，一個象徵鬼，陰陽兩界的住宅得到互為對照、互為印證的表現。同時，秦漢時期還發生了時間觀念的改換。在上古時期，中國人理解的「年」是生和死的對應關係，在國風時代周，生是在春天，主要舉行對歌

和婚禮，而在秋天和冬天，人們則祭祀亡魂和祖先。這個周期
又跟播種和收割的周期對應。時間的這種基本的結構對應關
係，後來演變成朝廷文化的一個部分。我們知道，在歷史上，
從皇帝到州官、縣官都要舉行鞭春牛儀式。春牛是土做的，上
面刻著一年的時間，從城東抬到城西，由軍卒持鞭鞭春牛，表
示政府重農。但是到了秋天，皇帝一般要選擇時機來懲罰不法
之人。葛蘭言認爲，這種春生秋殺的邏輯就是來自上古鄉野的
播種與收割的時間節律。也就是說，從中國文明史研究中，我
們可以看到，原生的男女關係，怎樣與生和死、陰和陽、播種
與收穫構成同構關係，並在後來影響了中國朝廷禮儀的構成。

　　莫斯研究的面涉及很寬，但他的《禮物》最爲有名[8]。《禮
物》說的是什麼呢？我們大概都會想起兩種東西，一種是在大
都市生活一段時間以後回一趟家感受到的「人情壓力」或「人
情債」；另一種或多或少與「走後門」、「行賄」有若干相似之
處。在大城市的人做人與那些小地方人不同，今天見一個人，
明天就可能要說「再見」，兩者之間沒有長久相處的必要。所
以，有一些朋友說，在大城市裏，人情欠得少。回到小地方，
我們自然而然感到處理人情關係的壓力，總以爲人情是不好的
東西，與我們的現代社會格格不入，因而導致不理智的行動。
「走後門」送禮這一現象，利用的是舊日形成的親情和友情，交
換的是物品與機會，目的當然各式各樣。像「行賄」這種東西
導致的交易，其基本特徵是不平等，是政治地位低的人向政治
地位高的人「進貢」以達到個人目的的手段。不過，如果莫斯
還活著，他或許會說，這種典型的「權錢交易」正好說明「禮
物」關係的普遍意義。「禮物」關係的基本原理是，交易雙方
的關係不是物本身的價值的對等性，而是人與人的關係的對等

性。像「權錢交易」這種行為，可以解釋為以物質的東西來抹平政治地位的差異，從而促成人本身的交換。莫斯的整個研究表明，很難用理性和不理性來區分社會行為，人情這樣的東西不是不理性的，它是人們交往的原初基礎。人與人的交往構成社會，而這種交往的基本特徵就是我在上面簡略的「總體贈予」，是一種人格的交往，是在人格交往基礎上形成的共同擁有的習慣、信用、榮譽和面子，是一種整體的社會現象。也就是因為這樣，所以深潛於人情文化之中的人們，總是覺得沒有按照人情的原則來做人，就可能被別人看成不是人。

莫斯的理論針對的好像是「古老的社會」（archaic society），是古代希臘、羅馬、印度、中國及現存的部落民族的同類現象。但他想從這些廣博的知識裏面汲取的教誨，除了「古老的社會」的制度與風俗以外，還有人際關係互惠性的普遍意義。不難理解，莫斯的書大量引用馬林諾夫斯基關於庫拉圈的研究，用以展示交換與整體社會的關係。他要指出的是，「禮物」的基本要點是，每個人在禮物交換中既有責任去送人家東西，也能拒絕禮物，有責任收取，不收會遭人嫌棄。為什麼這樣？因為禮物交換代表的，與經濟學家說的個人的、物質的最大化理智不同，它代表一種社會的理智，是做人——為仁——的理智。這種理智從原始社會到資本主義社會都存在，它的原初表現是送禮，隨著現代社會的興起，被制度化為資本主義社會的慈善和福利制度。

法國現代人類學的發展脈絡，有它的獨特性。在英國，布朗等人類學家停留在涂爾幹社會結構理論上面，而在法國，像葛蘭言和莫斯這樣的人類學家，卻在他們的老師（涂爾幹）的學術傳統內部開拓了一種對於社會的新解釋。他們都很關注西

方以外的社會怎麼回事。更值得注意的是,他們試圖在非西方的社會模式裏頭尋找一般理論。於是,他們的理論十分典範地體現了現代人類學家對於西方中心主義社會理論的擯棄,體現了一代人類學對於本文化的超越。這一超越後來在著名人類學家李維—史特勞斯的哲學、語言學、認識論和神話學中得到的發揚光大,成為法國學派的典範思想,使法國人類學最快擺脫進化論和社會結構論的制約,進入了世界人類學的前沿。

在現代人類學中,美國也取得了很大成就,這些成就與來自歐洲的猶太人移民學者有密切關係。去過美國的人能注意到,美國的很多大學,外觀是根據牛津、劍橋的模式設計的,但走進建築的內部,我們卻看到內部裝修很有德國的意味。美國人類學也有這樣的特徵,它的外觀經常與英國有些類似,像芝加哥、哈佛這樣的大學,人類學的教學和研究受到英國的影響比較大,但從內在精神來說,美國人類學的深層結構,潛在著很多德國文化理論。波亞士(Franz Boas)是美國現代人類學的開創者,這位人類學家與英國式的社會人類學家摩爾根不一樣,他的主張叫「歷史具體主義」,顧名思義,是從具體事實來看歷史的做法,它不注重法權制度的歷史演變狀況的研究,而推崇一種細緻入微的人類學描述與評論。瞭解一點波亞士的人,能知道這位人類學大師對種族關係、語言、考古學的瓶瓶罐罐很感興趣,尤其對於族群、語言和物質文化的空間分布有著特殊的愛好。

波亞士對德國傳播論還是有批評的,他強調不能只看大的文明如何傳播到世界邊緣地區的過程,而應該像考古學家那樣看日常生活的物品是怎樣分布的。隨著時間的推移,他在語言學和文化理論方面也提出了一些看法,他注重文化的歷史,注

重從歷史的具體時間和空間場景中延展開來的過程。從更高一層的理論看，歷史具體主義與文化相對主義的看法是分不開的。波亞士不認爲文化有一個絕對的價值，他主張在文化的具體場景中去尋找文化自身的本土價值，認爲文化只要存在，就有它的意義。馬林諾夫斯基從人類普遍的基本需要來解釋非西方文化存在的必要性和歷史現實性，波亞士則認爲，所謂人類普遍的東西，可能是西方學者自己的想像。其實，非西方的「土著」有他們一套對自己生活的看法，這些看法是相對於他們的具體生活而產生意義的，因而文化的相對性是普遍的。

　　歷史具體主義和文化相對主義的理論必然導致對西方文化的自我批評。波亞士的許多弟子都是透過發現新的東西來向西方主流文化發出疑問的。其中女人類學家米德（Margret Mead）是很有名的，她的書不僅人類學家要看，而且傳教士也要看，因爲它改變了西方的傳教方式。原來傳教像教學一樣，滿堂灌，不聽就是壞蛋，而米德則透過微妙的方式告訴他們，薩摩亞那些「土老帽」的教育方式遠比西方人高明。西方當時的教育與我們差不多，也要背誦很多東西，不能邊學邊玩，儘管我們現在都裝成能這樣。學與玩不能結合，在科舉傳統的中國根本辦不到，在今天也很難辦到。但是米德說這種科層制的教育在薩摩亞人那邊是不存在的，在那邊玩和學是一樣的，如同貓學習抓老鼠一樣。民俗學研究的民間遊戲，很多都是學習的遊戲，不像我們今天的學校，將學習的時間和空間與遊戲的時間和空間完全剝離開來。

註 釋

[1]費孝通，《從實求知錄》，北京大學出版社，1998年版，第61-95頁。

[2]福克斯主編，《重新把握人類學》，中文版，和少英、何昌邑等譯，雲南大學出版社，1994年版，第22-54頁。

[3]George W. Stocking, 1987, *Victorian Anthropology*. New York: Free Press.

[4]華勒斯坦，《開放社會科學》，中文版，劉鋒譯，三聯書店，1997年版。

[5]馬林諾夫斯基，《西太平洋的航海者》，中文版，梁永佳、李紹明譯，華夏出版社，2001年版。

[6]布朗，《社會人類學方法》，中文版，夏建中譯，華夏出版社，2001年版。

[7]Marcel Granet, 1982, *Fête et Chansons anciennes le la chine*, Paris: Albin Michel.

[8]莫斯，《禮物》，中文版，汪珍宜、何翠萍譯，臺灣遠流出版社，1989年版。

3. 「離我遠去」

　　現代人類學似乎還在與十八世紀的哲學家
們所喜歡的啓蒙問題作鬥爭。不過，它的鬥爭
對象已經轉變成了與歐洲擴張和文明的佈道類
似的狹隘自我意識。確實，「文明」是西方哲
學家們所發明出來的辭彙，它當然指涉的是西
方哲學家們自己的社會。……在眾多西方支配
的敘述中，非西方土著人是作爲一種新的、沒
有歷史的人民而出現的。這意味著他們自己的
代理人消失了，隨之他們的文化也消失了，接
著歐洲人闖進了人文的原野之中。

———馬歇爾・薩林斯

　　馬歇爾·薩林斯（Marshall Sahlins, 1930- ），最有影響力和創造力的美國人類學家之一，曾與新進化論者為伍，主張多線進化的觀點，後投入結構人類學，尤其在結構、歷史和實踐關係的研究中做出了巨大貢獻，所著《石器時代經濟學》，為人類學提供了一個全面和富有理論衝擊力的說明，後期的歷史人類學著作集中考察文化接觸的結構模式。

　　人類學有五花八門的學科定義，它內部的不同學派有不同的主張，人類學家們所做的學問也各自不相同。就創建現代人類學的那些前輩們來說吧，他們有的強調體會式的實地研究，有的傾向於對其他人類學家蒐集的第一手資料進行綜合分析。在英國社會人類學內部，曾有馬林諾夫斯基和布朗之別，前者注重民族誌，後者注重比較社會研究。法國早期的人類學，更多地關注綜合式的探討，其中莫斯的《禮物》就是一個例子，而葛蘭言雖然到中國做過調查，但其間將更多精力花在古史研究上，他努力的目標是在中國文明史的基礎上提出一種一般的社會理論。美國的人類學家更多地綜合了民族誌和文化論述的兩面，既從事實地研究，又要在一般意義上談論文化。即使對於從事實地研究的人類學家個人來說，研究的面也不一定一樣，有的限定在一個小小的群體，小小的村莊，有的跑遍廣闊的文化區域。

　　不過一般印象中的人類學家，確實有點像是獨行者，好像人類學家是孤獨的旅行者，他在一個遙遠的地方，去經歷著不同文化給自己的磨難。所以，李亦園先生說了這麼一段話：「人類學的研究工作有一大特色，那就是要到研究的地方去做深入的調查探索，無論是蠻荒異域還是窮鄉僻壤都要住過一年半載，並美其名叫『參與觀察』。」因而，李先生說，人類學家的生涯，與孤獨寂寞分不開，人類學家要備嘗田野的孤獨寂寞，是因為田野工作引起的文化衝擊或文化震撼，「經常使你終生難忘，刻骨銘心」[1]。人類學家不僅要承受孤獨寂寞和文化震撼，還會不時陷入一種難以自拔的困境。馬林諾夫斯基那本在田野中寫下的《嚴格意義上的日記》，有這麼一段話對自己的「迷糊狀」做了生動的自白。這段簡短的話，是馬林諾夫斯基在

生日時寫的，筆調灰暗，在土著民族中做實地研究，過這樣的
生日，實在寂寞、無聊、令人困惑：

> 四月七日（一九一八年）。我的生日。我還是帶著照相
> 機工作，到夜幕降臨，我簡直已筋疲力盡。傍晚我與拉菲
> 爾聊天，談到特洛布里安德島人的起源和圖騰制度。值得
> 一提的是，與拉菲爾這樣的白人交往（他還算是有同情心
> 的白人）……我困惑，我陷入到了那裏的生活方式之中。
> 所有一切都被陰影籠罩，我的思想不再有自己的特徵了，
> 與拉菲爾對話時，我的想法總要在價值觀上發揮。所以，
> 星期天的早上，我去四處走了走。到十點才去土烏達瓦，
> 給幾條小船拍了幾張照片……[2]

像馬林諾夫斯基這樣的人類學家，大凡都要經歷冷酷的田
野生活，他的日記給人以「羌笛何須怨楊柳，春風不度玉門關」
之感。從一個角度看，他們成爲人類學家，與他們遭受的磨難
有直接的關係。馬林諾夫斯基之所以是馬林諾夫斯基，是因爲
他離開了家園，離開了波蘭和英國，到蠻荒的特洛布里安德
島；波亞士之所以是波亞士，是因爲他離開了殖民開拓以後的
美國，離開了都市生活，到印第安人的部落；費孝通之所以是
費孝通，是因爲他離開了家鄉，離開了自己的學院，偕同妻子
雙雙去了大瑤山……爲什麼這些人類學家非要這樣實踐他們的
人生？要把他們的青春耗費在遙遠的窮鄉僻壤？馬林諾夫斯基
在自己的日記裏，忠實地表達了作爲一個平常人的困惑，他面
對過的壓抑、無聊、無所適從，也是其他人類學家面對過的。
然而，從事實地研究的人類學家堅信，田野生涯裏的種種憂
鬱，不是沒有價值的，相反，它們正是特殊的人類學理解能力

的發揮。

做一個人類學家，要培養的一種「離我遠去」的能力，到一個自己不習慣的地方，體會人的生活的面貌。所以，這裏的「我」是「自己」，但不單指個人，而指人生活在其中的「自己的文化」。人類學家不像心理分析家那樣，用自我剖析來「推己及人」；他們也不像哲學家那樣，在自己的腦海裏營造一個思想的建築來代表整個世界。做一個人類學家，首先要學習離開自己的技藝，讓自己的習慣和思想暫時退讓給他對一個遙遠的世界的期望。像李白說的，「五嶽尋仙不辭遠，一生好入名山遊」。在別的世界裏體驗世界的意義，獲得「我」的經驗，是現代人類學的一般特徵。

「離我遠去」的技藝有多種。一些人類學家要求自己身心都要離開自己的文化一段時間，另一些人類學家則透過他人的間接描述來「神遊」於另外一個世界。兩種人類學家之間，時常有互相譏諷的習慣，譬如，馬林諾夫斯基、米德時常譏笑布朗、莫斯、李維─史特勞斯實地研究根基不深，而後者時常指責前者缺乏理論洞見。人類學家時常忘記了自己是同類。作爲集體的人類學家共同體，區別與其他思考者的特徵，正是一種文化精神意義上──而不單是個體肉身意義上──的「離我遠去」。不是說人類學家要揚棄自我，成爲瘋子，而只是說人類學家的「自我」表達的是一種「非我」的藝術，這種藝術使人類學家獲得了與其他學者不同的經驗，使人類學家能夠比較「移情」地覺悟到自己的文化的局限性。

人類學家離開自我的途徑，有的是時間的隧道，有的是空間的距離。他們去的時間，是已經流逝的過去；他們去的空間，是一個「非我」的世界。「離我遠去」的藝術，是一種思

想的生活。因而,人類學家不以肉身的離去爲目的,他們帶著自己的心靈,超越自己的文化,領略人如何可以是人,同時又那麼不一樣。人類學家不一定要追求對遙遠的文化的求索,不少人類學家也從事本土文化的研究。在本土研究中,「離我遠去」的意思,轉化爲與自己社會中司空見慣的生活方式形成的暫時陌生感,轉化爲一種第三者的眼光,它讓我們能站在「客人」的角度來對待「主人」——我們本身。在這樣的情形下,人類學家的肉身沒有被自己搬運到別的世界中去,但他們的心靈卻必須在一個遠方尋找自我反觀的目光,在一個想像或實在異域中尋找他者相對於「我」的意義。

　　人類學產生於近代,它的「我」與近代這個時間觀念,也就形成了直接的關係。近代以來,人類學家要培養的那種「離我遠去」的習慣,針對的是我們今天生活在其中的現代性。他們希望從被觀察的邊緣人群的「當地觀點」出發,來展示眾多與近代的世界不同的小小世界,體會這些「小傳統」的力量,從而反觀逐步滲透到整個世界的「大傳統」——現代觀念體系。我們將這裏追求的東西叫做「文化的互爲主體性」,意思是說,人類學這門學科注重的正是奠定文化之間相互交流、相互認識以及「和而不同」地相處的知識基礎。作爲「文化互爲主體性」的「他者」,通常指的是本民族以外、現代生活以外的各民族文化,而現代西方人類學的本質特徵,表現在逐步得到認同的文化上非自我的、以他者爲中心的世界觀之上。

3.1 從民族中心到現代中心

　　要瞭解人類學，首先要瞭解人類學的精神實質。什麼是人類學的精神實質呢？我說，它就是這門學科要求做到的「離去之感」，而「離去之感」的發生過程，就是袪除民族中心主義世界觀的過程。人類學家認為，他們的思想敵人，是民族中心主義，他們的理想是要在文化的「我」和「他」之間搭起一座橋樑。什麼是民族中心主義呢？民族中心主義這個辭彙，聽起來有點像一種系統的觀念體系，其實它時常瀰散在人們的日常生活之中，成為不同群體的自我意識的組成部分。民族中心主義是 "ethno-centrism" 的中譯，所謂 "ethno-centrism" 指的就是把本民族的文化價值當成全人類的價值、把本民族的精神當成全人類的精神、將自己的文化視為世界文明的最高成就的那種心態。民族中心主義有時與民族的自尊心結合，但兩者有根本的價值論差異。民族的自尊心對於很多民族來說可以理解、可以弘揚。但民族中心主義指的不是民族的自尊心，而是一種將自己的價值強加在別人身上的觀念形態。這種觀念形態對別人的生活方式存在如此根深柢固的偏見，以至於忘記了其他民族的生活方式有自己的存在理由，或忘記了「我們都是人」這個簡單的道理。

　　民族中心主義分為小民族中心主義和大民族中心主義。一如古人說的「夜郎自大」，小民族中心主義是一種由「坐井觀天」的狹隘心態演化出來的觀念，大抵是那些弱小民族群體應對外來壓力的文化手段，是弱小民族求生存的微弱聲音，而大民族

中心主義則是以強欺弱的心態和行動。歷史上，大民族中心主義就已廣泛存在。如中國歷史上的「華夷之辨」，曾以文明的中國和「野蠻」民族的區分爲觀念前提，維持「我」民族的尊貴地位，並以此來排斥「他」民族的文化。在歐洲和中東，基督教和伊斯蘭教曾在宗教觀念上長期維持一種「唯我獨尊」的心態，對其他宗教信仰嗤之以鼻，甚至採用暴力手段對信仰其他宗教的民族加以征服。到今天，諸如此類的大民族中心主義還沒有消失。當一個強勢民族推崇這種觀念形態的時候，它的危害性變得越加嚴重，依然可能導致毀滅性後果。

在近代以來的世界中，什麼是最嚴重的民族中心主義？對於我們這個時代來說，最嚴重的民族中心主義，不幸與我們希望達到的「發達目標」構成了難以切割的關係，這種新式的民族中心主義，就是被逐步衍生出來的「現代中心主義」（modern-centrism），它是我們今天生活的世界的最大問題之一。我們知道，「現代性」（modernity）這個概念原來也是起源於西方民族中心主義的，它表達了歐洲近代以來逐步形成的對自己的近代文化的推崇，它的根源與進化的文化觀一致。現代性將歐洲近代史當成是世界史的總體未來，將現代國家的預期混同爲社會的現實，相信其他不同的文化傳統只有接受或接近這種新的政治方式之後，才能夠擁有「適者生存」的能力。因而，「現代中心主義」的基本主張，就是與傳統的決裂，就是將人從原有的生活方式、社會組織、經濟、信仰與儀式中「解放出來」，成爲國家機器的螺絲釘。這些變化帶有深刻的地方差異性和歷史複雜性。但是作爲一種觀念形態的現代性，卻相信這幾個方面的變化已經成爲事實，或者注定成爲事實。因而現代性的另一層意思，指的就是對上述幾個方面的文化變遷的想

像、預期及信仰。

現代性的觀念與歷史，基本上是在近代歐洲經驗中總結出來的，因而通常有著明顯的西方痕跡。不過，作為觀念形態的現代性，與歷史上其他類型的民族中心主義有著鮮明的差異，它已經深潛於人的日常生活中，成為一種「生活的政治」，影響著世界上各地方的人們對於自身生活軌跡的設計與預期，使他們不再區分「神聖性」與「世俗性」，相信生活的改造就是歷史的神聖使命本身。現代性成為一種生存於現代場景中的人的一種潛移默化的觀念力量，以形形色色的變相形式，影響著我們生活的方方面面，甚至影響著學者的思考和實踐。產生於近代西方的社會科學諸學科，部分反映了近代西方中心的民族國家體系的部門化。以現代性來理解學科的這種歷史特殊性，我們同樣也可以說，社會科學學科的劃分，與人們預期中的變遷的幾個方面，基本上形成了某種對應關係，如教育學對應著新的人的社會再生產模式，社會學對應著現代民族國家的社會制度，經濟學對應著現代市場交換體制，政治學對應著現代民族國家的「公民觀」，而對應著現代信仰體系的，是更廣泛而綜合的現代觀念文化製作體系（甚至包括社會科學本身）。

對人類學有所瞭解的人會知道，人類學這門學科與其他社會科學學科之間，存在著一個重要的區別：其他社會科學學科更關心怎樣建設現代性，怎樣實現現代性的歷史轉型，而人類學則糾纏於「傳統」之中，對於在「現代」這個歷史時段中生存的那些「非主流」的「落後民族」、「落後文化」十分關注。似乎人類學家是一群「好發好古之心」的人，他們與其他社會科學家一樣，從事著思想的各種實驗，但他們的興趣不是作為目的論的「現代」，而是作為「現代」的反面鏡子的「過去」，

或者在「現代」的內部尋找它的歷史反諷。於是，人類學家的形象通常有些古怪。社會學家到了三十年前才開始系統地反思現代性，而現代人類學開始就帶著這樣的關懷。現代人類學的學問也屬於現代智慧的一種，但是卻與現代精神「格格不入」。人類學這門學科追求一種反思，它企求獲得一種特別的歷史深度和一種相對的文化立場，來理解人類生活的不同可能性，企求在這種理解當中揭示我們這個時代的問題。

3.2 奇異的生活方式

在我們這個時代，「摩登」（即「現代」的另一個譯法）這個概念，已經滲透到人們的日常生活中，成為人的社會的追求。「摩登」有的時候指的是生活的一種新格調，代表我們這個時代衣、食、住、行的時尚。這種時尚追求的是個人的自由選擇，給人的感覺好像是我們在自由地對穿什麼、吃什麼、住什麼、如何旅行做出獨特的選擇，或者反過來說，好像是經濟的生產在為我們的這些選擇提供各種資源。其實，我們很少人能夠抵禦選擇的社會性，我們今天的衣、食、住、行，基本的選擇理性來自於「摩登」所代表的方便與格調，它的背後時常隱藏著日常生活中的價值判斷，與現代社會的大眾文化與階級劃分有著密切關係。

有社會學家告訴我們，我們今天追求的「摩登」，在歐洲的歷史上曾經是先在宮廷裏出現，後在社會中被廣泛模仿的生活藝術。「摩登」的歷史，給「摩登」自己一個反諷。「摩登」的含義中最主要的是現代性和市民性，但它的根源卻是中世紀

末、近代初期歐洲宮廷文化轉型導致的後果。更成問題的是，很多人將「摩登」當成人類文明的最高成就，以爲這樣一種新的生活方式才是「文明」，才是人之區別於非人的界限，才是人最後獲得自身自由的標誌。豈不知，如果這種生活方式已經存在了三百年的話，那麼它在人類的歷史上也只占了短暫的一瞬間。我們今天穿著西式的服裝，吃著各種加工精美以至人造的食品，住著高樓，坐著越來越快速的旅行工具，好像這些東西天然地是我們人類應有的基本生活需要。我們幾乎忘記了在人類二百多萬年的歷史中，老祖宗們是怎樣生活的，幾乎忘記了在我們的時間和空間以外，人是怎樣生活的。人類學家不認爲不知道歷史和另類生活方式是什麼過錯，但他們堅信對人的生活方式的歷史和多種可能性的研究，對於我們理解人自身有著深刻的意義。他們的眼光超越了「摩登時代」，他們更爲關注的是現代以前的各種形態，包括衣、食、住、行的歷史與跨文化比較。

拿服裝來說，人類學家並不只關心服裝，他們不但研究服裝，還研究首飾、紋身等原始的「服飾」。人類學家研究的民族服飾，具體的例子我在這裏無法一一列舉，我只能說，服飾研究的成果說明，在人類的歷史上，在許多少數民族當中，服飾不簡單是個人選擇與市場經濟之間互動的結果，而承載著各民族文化的意義體系。在很多少數民族當中，即使是最簡單的首飾與紋身，也都具有豐富的文化意義。服飾不是簡單的「物質生活」方式，特定的服飾代表著特定的性別、年齡等級、社會地位、人群劃分、民族性，而這些社會的區分，與一個民族的特定文化傳統有著密切的關係。例如，一個部落的酋長，他的服飾一定與一般的部落平民不同；一個小孩在成丁的時候，往

往要在身體上刻畫特殊的圖樣；一個巫師在舉行儀式的時候，往往會穿戴不同的首飾；一個婦女在出嫁時，要有特殊的穿戴……

現代人會以為，上述種種現象都表現了人的不自由。但是，人類學家的研究卻從一個側面說明，我們今天的「摩登」，或許也包含著同樣的文化意義。比如說，你敢穿著一套古代皇帝的衣服在旅遊景點照相，卻不一定敢穿著它去上街買菜。你能拒絕過去遺留下來的服裝，卻不能拒絕在特殊的禮儀場合也要表演性的粉墨登場。種種事實說明，生活在「摩登時代」的人，對於服飾也有著它的特別規定。人類學家從「原始民族」服飾的研究得出的結論，對於我們今天也不是不適用。試想一下，我們今天的服飾能夠真的不考慮性別、年齡、社會地位、人群劃分嗎？隨著現代性的全球化傳播，大都市的服飾民族性可能不再重要，但其他方面的因素還是有影響的。

再說吃的吧，我們今天總以為食品自然是人生產出來的，我們已經忘記，像我們今天這樣生產食品，歷史並不長。在人類學中，一個基本的常識是，在人類數百多萬年的歷史中，「食品生產時代」也只有一萬五千年，僅僅占人類學歷史的1.5％，這是很短暫的一瞬間。在98.5％的漫長時間裏，人類靠狩獵、捕魚和採集野果來生活，他們不生產食品，吃的東西取自於大自然的賜予。即使是在「食品生產時代」，生產的方式也經歷了很多變化，分成刀耕火種、遊牧、畜牧業、農業等，固定的農業社會也是比較晚近的成就。

有些人類學家關注不同食品獲得模式的比較研究，但現在越來越多人類學家轉向研究食品的社會意義與文化史。關於吃飯的社會意義，我們中國人是比較容易理解得到的。在正式的

場合吃飯，我們是要依據社會地位、年齡、性別來排座次的。即使是民間宴會，諸如此類的安排也很被看重。我們宴請別人的時候，講究的不但是食品夠不夠滿足我們肚子的需要，還要考慮「人情」和「面子」的因素。在一些部落社會中，在分食動物時，社會地位也很重要。宰殺動物以前要祭祀，祭祀以後將動物仔細分成不同的塊頭，依據社會地位的高低來分食。食品和飲料的跨文化傳播，現在也引起了一些人類學家的興趣。在今天的北京、上海等都市裏，有許多咖啡店。到那裏喝咖啡的人，總覺得自己在享用一種西式的飲品。老一代的中國人可能覺得咖啡這種東西「上火」，但年輕一代卻將它當成時尚。我們所不知道的是咖啡的歷史。在歷史上，西方人連咖啡是什麼都不知道，是在近代接觸到中南美洲以後，才跟部落民族學習喝咖啡的。關於糖和茶葉的飲用歷史，也是這樣。人類學家西敏斯（Sydney Mintz）所著《甜蜜與權力》一書，描繪了西方人學習用糖的歷史[3]。我們中國人更瞭解茶葉的歷史，西方人喝茶是從我們這裏學去的，但現在有很多中國人誤解英國立頓紅茶是「洋人的發明」。

關於民居的歷史與社會構成，人類學家也做了很多研究。我們今天住在高樓上，一棟樓住數十、數百戶人家，人口密集了，但家庭與家庭之間的關係卻越發疏遠，小家庭要直接面對外面的大社會。在人類歷史的大部分時間裏，人的居住建築是有很多講究的。「房屋就是世界」這句話是人類學家愛說的。怎麼理解？意思就是說，在很漫長的歷史中，我們人是透過建造自己的住處來營造我們的社會和世界觀的。就拿我們中國傳統民居來說吧，我們以往建造房屋要講究風水，房屋入住以後要依據輩分來安排居住空間。整個房子被看成是「裏」，房子以

外的世界被看成是「外」，「裏外有別」有時指男女之別，有時指家與社會之別，有時被延伸來指「華夷之別」。從這樣的社會邏輯推演下去，還可以理解古代城池、皇宮的建築，使我們看到建築與權力的世界觀之間的密切關係。

「含脯而嘻，鼓腹而遊。」這是我們古人形容原始人的一句話。這裏的「遊」字學問很大。是什麼時候我們的老祖宗才開始學會用畜生來作交通工具的？是什麼時候他們開始造車？是什麼時候他們開始造船？等等。對於交通工具史的研究，行行有行行的專家。以往人類學家關心的大多是遊牧民族的生活，對於「行」的歷史與跨文化比較做得不是很多。然而，「行」的工具和路程不僅有技術邏輯，也有社會和文化的邏輯。例如，我們今天老坐飛機的一族，大概不能說是一般的農民，這一族能夠跨越長遠的空間距離，一定是有相應的社會地位。關於去哪裏，也是可以深究的問題。我們的人身的移動，不簡單是人身的移動，還受社會的時間和空間的安排。例如，我們上班為什麼用「上」字，「下班」為什麼用「下」字，字裏行間都隱約顯示現代社會對於「班」（工作、勞作的時間和空間規定）的特殊重視，跟「上山下鄉」含有的階級劃分意識有相近之處。還有旅遊這一說。古代人說「父母在，不遠遊」，現在大家都要去旅遊。這樣的變化說明什麼？這些都是值得我們追問的問題。

有人類學家說，人類學研究的是生活中「暗含的意義」（implicit meanings），也有人類學家說，人類學研究的是我們日常生活中的「常識」（common sense）。什麼是「暗含的意義」呢？是從各種生活方式的研究中，從不同文化的衣、食、住、行的研究中揭示出來的，經常被我們這個時代淡化的不理性的

東西。什麼是「常識」呢？就是我們自己覺得很正常的東西它本來含有的「暗含的意義」。這些東西看起來不起眼，其實包含的內容很豐富，能使我們更清晰地認識到我們所處時代的特殊性及其他時代、其他文化類型的可能性，也能使我們更深入地理解日常生活的社會意涵與價值觀。透過研究這些東西，人類學家為我們展示了一個繽紛的世界，讓我們知道「摩登」的特殊時代性或文化局限性，對傳播於世界的現代世界觀提出敏銳的評論。

3.3 「田野」之所見

在觀察不同文化中的生活方式時，人類學家採取的是一種樸實而現實的態度。人類學導師時常告訴學生說：人類學這門學科沒有什麼值得死記硬背的方程式，它有方法，但是沒有方法論，方法就是一支筆、一本筆記本、一部照相機或攝影機，運用這個方法的人，要跑得越遠越好。知道一點中國人類學史的人都能瞭解，中國老一輩人類學家李安宅去西藏，費孝通、王同惠去瑤山，林耀華去涼山，帶著的東西很簡單，去的地方很遙遠。學習人類學，最主要的不是要背誦什麼方法論的準則，而是要逐步形成一種洞察力，使自己能夠在遙遠的地方敏感觀察各種文化中生活方式及其暗含意義的重要性。

說人類學家追求一種樸實的研究方法，意思不是說我們不需要學習就能把握人類學的觀察方法。在學科歷史發展的過程中，人類學依據長期以來的積累，形成了某種觀察、透視生活的方法，這些方法從不同的切入點出發，來達成一個共同的目

的，來促使研究者更貼切地理解人的文化品質，它們衍生出四
個主要研究領域，包括親屬制度（kinship）、經濟人類學
（economic anthropology）、政治人類學（political anthropology）
和宗教人類學（religious anthropology）。這四大研究領域也是人
類學家到一個社會去研究時關注的主要方面，對於它們的把
握，被認爲是人類學研究的基礎。全面地說，這四大領域是很
難加以人爲區分的，人類學家認爲一個社會、一種文化、一種
生活方式，是這些方面的有機結合。因而，研究社會生活中的
這些方面，應採取一種整體的觀點，對不同方面之間的相互關
係進行細緻入微的觀察。人類學家將這種整體的觀點稱爲「整
體論」（holism），「整體論」有時還強調必須考慮文化存在的生
態因素及人與自然互動的具體模式。不過，其最主要的主張是
人的社會性、經濟性、政治性和宗教性之間不可分離的、非決
定論的關係。什麼是「非決定論的關係」？「非決定論的關係」
指的是人類生活的這些方面或要素之間不可化約的關係，如社
會性和宗教性不可化約爲經濟性和政治性的關係。

　　人類學主張的「文化互爲主體性」觀點，在人類學的具體
研究中占有重要地位。在很大程度上，一項具體的人類學研究
無論集中考察社會生活的哪個方面，它帶有的最高旨趣，確實
是促進這種文化互爲主體的觀點的生成，是「和而不同」的人
文世界的展示，是對現代性的文化支配的反思。不過，人類學
家同時主張，研究的旨趣本身不應被抽象地重複，要認識人文
世界的豐富性和複雜性，我們需要深入地觀察具體的人的生
活，而要進行這種觀察，人類學要求運用實地觀察的第一手資
料。在實地調查中，我們集中在一個地點住上一年以上的時
間，把握當地年度周期中社會生活的基本過程，與當地人形成

密切的關係，參與他們的家庭和社會活動，從中瞭解他們的社會關係、交換活動、地方政治和宗教儀式。人類學家稱這一基本的工作爲「田野工作」（fieldwork），稱「田野工作」的基本內容爲「參與觀察」（participant observation）。在「田野工作」之後，人類學家依據他們所獲得的社會知識寫成專著或報告，可以集中考察當地社會的某一方面，也可以整體表現這個地方的社會風貌，總的做法還是整體論的。人類學家把這種基於社會文化整體的觀點寫成的專著或報告稱做「民族誌」（ethnography）。這個概念中的「民族」（ethno）包含的原意，就是基於當地意識的基礎構成的文化整體觀，著名人類學家格爾茲（Clifford Geertz）將它的精神實質總結爲「地方性知識」（local knowledge），「地方性知識」指的就是社會生活中可觀察和不可觀察的方方面面構成的倫理、價值、世界觀及行動的文化體系[4]。

　　隨著人類學的適應和發展，也有不少人類學家依據他人蒐集的資料、口頭傳說和歷史文獻來進行更宏觀的研究。從事歷史人類學（historical anthropology）研究的，或追蹤個別事物、個別制度、個別象徵的歷史演變和文化結構的關係，或深入一個地點（村莊、城市或區域），對它的歷史命運加以探索，或集中在歷史的某一時刻，對那個特定時間段上發生的事件進行深入的文化解釋。在這些不同的情景中，人類學家不能直接地與人對話，不能直接地觀察人的活動，但他們能從不同的記述中展開「文獻裏的田野工作」，在心靈上與「死人對話」。在這種特殊的對話中，「離我遠去」和整體的觀點依然是理解的技藝。

註　釋

[1]李亦園，《人類的視野》，上海文藝出版社，1996年版，第42-43頁。

[2]Bronislaw Malinowski, 1967, *A Diary in the Strict Sense of the Term*. Athlone, pp.244-245.

[3]Sidney Mintz, 1985, *Sweetness and Power: The Place of Sugar in Modern History*. Penguin Books, New York.

[4]Clifford Geertz, 1983, *Local Knowledge*. New York: Basic Books.

邁進人文世界

　　對於不同文化的研究對當今的思想言行還有另一種重要影響。現代生活已把多種文明置於密切的關聯之中，而與此同時對這一境況的絕大多數反映卻是民族主義的和帶有種族上的好惡的。因而，文明從未像現在這樣迫切需要一批這樣的個體，他們具有真正的文化意識，從而能夠客觀地、毫無畏懼地、從不以反唇相稽的態度看待別的部族之受社會調節與制約的行為。

——露西‧本尼迪克特

　　露西‧本尼迪克特（Ruth Benedict, 1887-1948），世界人類學中最著名的女人類學家之一，其《文化模式》敘述了文化的不同選擇之路，明確地闡明了人類學的目的在於理解他人的文化。

依據整體論的觀點展開的對於人的社會性、經濟性、政治性和宗教性的研究，到底告訴了我們什麼？人類學家的答案經常是：人的這些方面相互之間不可分割，可是在理解人的時候，我們卻有必要從個別的局部來透視整體。

4.1 親屬組成的社會

去實地考察的人類學家，要經歷艱難的路途，到他想考察的地方後，又要與當地人吃一樣的東西，住一樣的房子，甚至穿戴也要相近。按照道理說來，人類學家對衣、食、住、行的那套文化特性，應當是最為瞭解的。但作為社會研究者，他們的興趣首先是瞭解他研究的那個地方社會的構成。在現代人類學起步的時期，「社會」的觀念正在與國家的觀念重合，它的空間範疇與國家失去了相互區別的界限。隨著現代性的全球傳播，「社會」又與那些本來跨社會的網路聯繫起來，指超越地方的人的結合。人類學家研究社會採取的是一種不同的態度，他們樸實地「停留於」那些原生的紐帶，從人與人之間的具體關係來理解社會，解釋我們時常混淆的「組織」概念。親屬制度的研究是人類學對人際關係的核心觀察。

親屬制度是人類史上最古老的文化遺產。曾有人類學家說，人的社會首先是根據人和他人之間的兩性關係和血緣關係的遠近來構成的，根據地緣關係來構成的區域性社會，是後來的產物，而我們今天經常面對的以國家的組織為核心的社會形態，它的歷史只有五千年左右。時間順序的排列，讓人想起社會進化論有關社會形態演變的觀點，它告訴我們的是：隨著人

類社會的「進化」，構成社會的基礎，越來越喪失它與天然的血緣關係的聯繫。不過在人類學家看來，重要的問題可能不是社會進化的歷史，而是一個值得我們深思的比較：在無國家的社會中，血親—姻親和地緣關係起著組織社會的重要作用；隨著國家的興起，這些關係被納入到法權和禮儀的體系中，成為正式的社會規範和所有權關係的組成部分。研究親屬制度，對於理解社會的基本形態，對於洞察國家時代制度的歷史性，有著重要的意義。

在我們這個時代，除了信奉伊斯蘭教的地區以外，在一夫一妻制基礎上組合起來的核心家庭（nuclear family）已成為普遍的婚姻制度，它表面是在個人選擇自由基礎上構成的社會基本單位，實際上與整個現代社會的法權制度密切聯繫在一起。人類學研究告訴我們，我們今天實踐的這種以核心家庭為中心的親屬制度，曾經是世界上最不具有普遍意義的東西。在一九四九年以前，中國部分實踐一夫多妻的制度，這種制度曾與在中國宣揚一夫一妻制的基督教勢力構成矛盾，接著受近代文化精英和國家的排斥。這個本應是常識的事例，現在已經被我們淡忘。其實它能說明從歷史的觀點看，我們當前堅信的很多東西，無非是相對於我們現代社會的構成原則才是合理的。人類學研究這種相對性，不是要提倡不同於現代國家指定的婚姻制度，而只是要透過認識這種傳統制度的內在規則，來展示社會組織的其他可能形式。

以親屬制度來自發地組織社會，是很多非西方、非現代社會的基本特徵。親屬制度的多樣性和文化差異，一般從親屬稱謂和兩性居住形式來理解。現代社會中，親屬稱謂是由核心家庭中父母、子女這些基本類別推演出來的，我們根據婚姻、血

緣和代際關係來稱呼不同的人，通常使用的名稱都十分明確而具體。可是在很多地方，親屬稱謂與我們想當然中的很不一樣。例如，在土著夏威夷人的稱謂制度中，同代、同性別的人共用一個稱謂，沒有我們那麼多仔細的區分。福建惠安地區，現在還存在一種對父親和父親的兄弟同用一種稱謂——叔叔——的做法。諸如此類的例子很多，類型也十分多樣。人類學家認爲，親屬稱謂的差別不簡單是稱謂本身造成的，而與一個社會、一個地方的特殊社會構成和身分認同方式有密切關係。例如，夏威夷制的稱謂之所以只區分性別，不區分輩分，是因爲採用這種稱謂制度的土著人運用的是一種男女雙方同時繼承財產和地位的「兩可繼嗣制度」。人類學一般用「△」符號來表示男性，「○」符號來表示女性，用直線「—」或虛線「---」來表示不同人之間的親屬關係，再注出不同的稱謂。至於居住形式，也是形形色色的。我們不要以爲所有的人類家庭都一定是「從夫居」（結婚後女方遷居到丈夫家裏）方式，在很多社會中，有「從母居」（結婚後男方遷居到妻子家裏）方式。家的居住方式，同樣與一個社會的繼承制度和性別關係模式有關。

如何解釋我們看到的不同親屬制度？歷史上的人類學家提出了各種說法。這方面早期的權威是我們比較熟悉的美國人類學家摩爾根，他認爲親屬稱謂和社會制度是對應的，社會是變化的，對應關係也是變化的，越是「亂」的關係就越原始，核心家庭是最晚近的、秩序最嚴謹的。爲了描述這個過程，他綜合了世界民族誌的資料，根據進化論的觀點劃分了親屬制度和社會結構演變的各個時期。後來的親屬制度研究，已經揚棄了進化論的觀點，採用了兩種新的解釋模式。其中第一種是以英國人類學爲特徵的「繼嗣理論」（descent theory），來自非洲和中

國,看的是親屬制度的縱向關係,即老一輩和後代的關係。這種縱向的關係一般與房子、土地及女人等都有關係,因而難以擺脫與地緣關係的結合。可以想像有這麼一部中國族譜,族譜上說一家人有一個老祖宗,娶了一個天津的太太,他的兒子中有一個去了新疆,剩下的住在河北,在河北的那個兒子從趙縣娶了太太,生了一個兒子和一個女兒,女兒嫁到河南,兒子留在河北,繼承了家庭擁有的土地和房屋。這樣再傳宗接代下去,土地也要一點點細分,到現在每個人只有零點幾畝。這樣在家族的繼嗣過程中,就體現了一個社會空間的安排問題。這樣看族譜,就可以看出產權繼承的關係,倒追到歷史上,也可以知道爲什麼家族裏的人都要住在一塊或分成不同的家。

第二種理論叫「交換理論」(exchange theory),它看的不是在繼嗣理論中看到的由祖先和後代構成的社會空間共同體,而是從兩性之間的社會交往關係出發,來看不同群體、不同地方之間的連接點。這個理論的代表是法國的結構主義者。在法國人類學中,通婚一直占重要地位。我在談到現代人類學時,提到莫斯和葛蘭言對法國學派的貢獻,這個貢獻的核心內容是指出以社會性別爲中心的交往是社會構成的主要機制。結構人類學大師李維—史特勞斯進一步將這個傳統延伸到整個親屬制度、神話和宇宙論的研究,強調了不同群體之間兩性的交往對於超地方社會形成的重要意義。親屬制度的交換理論,就是從這樣一個看似簡單的兩性交往觀點推衍出來的。

交換理論聽起來有點複雜,其實我們如果關注一點民間社會,就比較容易理解。在中國的農村,傳統的通婚模式與我們現代流行的自由戀愛有很大區別,媒妁之約是它的主要特徵。考察經過安排的婚姻的社會空間氛圍,一定能看到,民間傳統

中的通婚是有一定的地理圈子的，我們姑且將這種圈子稱作
「通婚圈」。「通婚圈」是什麼？它代表的是一個村子與其他村
子之間，經由男女的通婚安排形成的交換關係。有的村子與其
他一些村子形成比較固定的通婚關係，這種關係隨著時間的推
移相對固定化。在這一相對固定化的通婚圈基礎上形成的一個
區域，在結構人類學中備受重視，被認為是社會紐帶形成的基
本空間。交換理論注意到了不同交換模式對於區域社會形成的
不同作用，它也注意到了交換的等級性。在現實社會中，通婚
不僅對不同群體、不同地方之間對等關係的形成有幫助，而且
也可能帶有等級色彩。比如說，我注意到，以往農村的婦女遠
嫁他鄉的，大體說來有兩種情況，一種是家裏很富有，能從鄉
下到城裏「高攀」貴族子弟；另一種是家裏很貧窮，在當地很
難找到「門當戶對」的對象，只有遠離鄉土。

　　最近人類學對親屬制度研究產生了反思。有人說，親屬制
度這個概念是西方人發明出來描述非西方人的手法，它本質上
反映的還是西方社會中的繼承和分配的觀點。對親屬制度研究
進行總體清算之後，人類學家發現裏面充斥的都是歐美本身的
道德、倫理法權觀念。人類學家於是要求自己研究當地人怎麼
表述親屬制度。比如說，「通婚圈」這個概念可能就是我們強
加給當地人的，而重要的是要讓當地人說話，以便知道他們自
己怎麼想。這樣一來，人類學產生了親屬制度研究的第三種方
法──本土觀念的研究方法。

　　怎麼理解親屬制度的本土觀念？格爾茲在一篇論文中說，
重要的是要理解當地人怎樣看待「人」。在他研究的巴厘島人當
中，「人」的觀念沒有脫離「人」存在的社會當中的輩分、地
位、性別，而對於這些區分，巴厘島人自己有很多說法，這些

說法與他們描述人的年齡、社會活動的季節性節奏及性別的性情差異有密切的關係，它們相互揉合，構成了一種看待人和社會的觀念體系[1]。研究這種觀念體系，對於人類學的理解來說，意義十分重大。我們可以舉中國人「家」的觀念來進行簡要說明。「家」這個概念，通常被翻譯成 "family"。其實，這個概念帶有的意思比 "family" 這個詞要複雜。西方的 "family" 原來指的是財產的共同體，而我們說到「家」的時候，不是簡單地在說家，時常還要將它與別的東西聯繫起來。比如，我們談「家」和「離家」時，會聯想到「忠孝不能兩全」這一說。什麼是「忠」？什麼是「孝」？前者指的是對國家承擔的義務，後者指對家庭和長輩的孝順。我們說的「國家」這個概念，現在都用來翻譯西文 "state"，其實兩者有很大不同。西方的 "state"（國家），指的是空間上匯集了很多力量的點，這些點又具有覆蓋其他地方的力量。我們的「國家」觀念，其中包含「家」字，大抵是因為我們中國人不願意對親屬關係和法權關係做明確的區分。除了漢族的家族以外，在很多其他民族中，家的制度同樣也是結合了其他制度的複合體。根據林耀華的研究，五十多年以前，在涼山的彝族當中，階級和等級制度與家支制度密切聯合，成為一種難以切割的體系。由家族、氏族關係延伸出來的家支，既是血統制度，也是政治統治的制度。這個社會中，雖沒有正式的國家，但家支起的作用與國家難以區分，它也是一種政治權力和權威體系[2]。

4.2 互惠、分配與交換

　　人類學家常說，親屬制度研究是人類學研究的基本功。這是為什麼呢？我個人認為，這是因為人類學家從親屬制度的研究中，提煉出了可供洞察人和社會其他層次的看法。在《生育制度》這本書裏，費孝通曾說親屬制度研究要同時關注「親子關係三角」的兩條軸線——婚姻結合的兩性關係軸線和家族繁衍的代際相傳的軸線。這兩條軸線就是交換理論和繼嗣理論分別關係的，一種橫向地看家與家、群體與群體、地方與地方透過兩性的交往形成的關係，另一種是一個縱向的，看的是人和家庭自身的再生產和歷史綿延。不同文化當中，對「親子關係三角」理解有所不同，這構成了一系列值得比較的社會觀念形態。

　　在一定意義上，經濟人類學的研究關心的也是這些問題。經濟人類學研究的主要內容包括三項：(1)生產方式的類型；(2)交換的類型；(3)不同文化對「經濟」的不同看法。與親屬制度不同的是，在經濟的範疇中，生產、交換和受人們關注的東西，不是人自身，而是物質生活。因而，經濟人類學這三個方面的研究，也可以說是對物質生活的再生產、對物質交換、對物質性的文化觀念的研究。不過大多數人類學家反對庸俗的唯物主義，他們認為，經濟的現象也是文化的現象，是人的關係的反映，因而在考察經濟現象時，不能簡單地關注物質，而應關注物質的人格色彩，關注物質的文化意義。

　　對於狩獵—採集民族的研究告訴我們，在人類歷史當中，

勞動在漫長的時期裏，曾經不體現爲生產，而體現爲攫取自然界的賜予。狩獵動物、捕捉魚類、採集果實，供養了人類二百多萬年。生產力和生產關係的概念，針對的因而是食物生產社會（如農業社會）產生以後的時代，對此前的任何時代都不適用。狩獵—採集民族在人類學當中占有特殊的重要地位，因爲這些民族的文化與我們現代社會的「產業文化」構成了最爲鮮明的對照，提供了在對比當中反省自身的案例。不過這並不是說人類學家停留在研究考古學意義上的石器時代，也不是說人類學家只關注歷史上殘存下來的幾個微小的狩獵—採集民族。事實上，接受現代社會理論影響的一大批人類學家，對於生產的各種形態也很關注。

關注生產方式的人類學家，或多或少受到馬克思主義的影響，他們強調原始、奴隸、封建、亞細亞、資本主義等生產方式類型的劃分，從所有制的角度來展開跨文化的比較。在這些人類學家看來，所有制是決定文化形態的基礎，生產方式中的所有制決定一個社會如何構成，進而決定作爲意識形態的文化的構成。在對不同類型的生產方式進行比較的時候，這些人類學家採取的大體上還是進化論時代原始共有向資本主義私有逐步演化的框架。其中的例外可能是亞細亞生產方式。馬克思本人在考察這種生產方式的時候，就已強調了這種生產方式的特殊性，認爲它不僅是一種「封建制度」，而是綜合了不同時期、不同類型的特徵，總體形成「朝貢式」的剝削關係。這種剝削關係以政權直接介入經濟爲特徵，同時在意識形態上表現了某種對現實社會的特殊扭曲，在宇宙觀和政治觀念上強調等級性。在這樣的社會裏，社會勞動是透過權力和支配的運行來實現其改造自然的作用的。

透視生產方式中的財富積聚類型，使我們從縱向看到不同社會傳承不同的社會勞動的不同方式；考察交換的不同情況，則使我們從橫向看到人與人之間透過物品的流動構成的不同關係模式。根據波拉尼（Karl Polanyi）的概括，人類的交換可以分為三種類型：(1)互惠；(2)再分配；(3)市場交換。交換的研究，強調的不是孤立的財富積聚類型，而是試圖透過考察經濟體的社會統合關係，來分析不同形式的整合（integration）之間的差異。在波拉尼看來，從經驗來看，互惠、再分配及市場交換就是諸多形式的整合的三種主要方式。那麼這些方式分別是什麼樣的？波拉尼概括說，互惠指的是對稱群組中的關聯點（correlative points）之間的運動；再分配指的是一種中心與邊緣之間的向心和離心的運動；交換嚴格意義上指市場中「手」與「手」之間的相互運動[3]。

怎樣理解這些抽象的定義呢？深究波拉尼的論述，我們可以發現，他這裏說的三種「交換形態」分別與原始的等值交換、亞細亞生產方式中的「朝貢」及資本主義市場經濟對應。互惠的現象早在馬林諾夫斯基和莫斯的著作中就備受關注，這種交換——權且稱之為交換——的基本特徵，就是一種人與人之間相互的「總體贈予」，交換的目的在於人與人之間的情感和關係本身，過程體現為一種相互認定的平等授惠和受惠。我們民間的互助、送禮、人情這些現象，就具有很濃厚的互惠色彩。再分配與亞細亞生產方式的特徵一樣，權力的中心與邊緣之間形成經濟上的不平等關係，由中心抽取社會勞動的成果，實現一種物品的「向心式流動」，然而由中心向分散於社會中的不同群體重新分配資源，實現一種物品的「離心式流動」，即財富依據權力機構進行的重新配置。真正的市場交換，一般根據固定

的比率和商定的比率在自主的市場上展開，這裏是需求群體和供給群體之間進行的貨品配置運動，決定這一運動的是商品價格，而並非是個人、群體的傳統紐帶，也不是權力的行政配置。

互惠、再分配、市場交換，是經濟人類學分析中運用的「理想型」，在很多實際的情景裏，這些東西形成相互揉合、難以區分的整體。比如，人們常說，中國是一個多種所有制並存的國家。在我們這個社會中，互惠、再分配和市場都能看到，甚至可能並存於同一件事情中。試想一下一棟商品樓包含著的那些東西。在它建成以前，開發商要透過「門道」尋求熟人的幫助，獲得開發權，開發權獲得的過程中，要交納各種政府機關收取的費用。土地的所有權更是問題，國家規定所有土地國有，國有土地是可以分配而不可以交換的，可是占有土地的百姓又可以依據一定的「價格」來獲得徵收土地的賠償。大樓建成以後，要出售了，產權只能算上幾十年，購買者買到的是不完整的商品；買來以後房屋的裝修還可能要靠熟人來尋找合適的裝修公司；裝修完後要分配房間，家庭內部的關係也要考慮在內；喬遷的那天，來的客人與自己必然曾經有過人情互惠的關係。

經濟生活的中國特色，值得更多的人來研究。這樣一種「特色」挑戰了任何類型學的理論，同時挑戰了「經濟」這個概念本身。「經濟」是我們都熟悉的一個詞，大家都知道它在英語中叫 "economy" 或 "economics"。「經濟」總讓人想起「利益最大化」（maximization of interest）這個概念。我們古代的經濟叫「鹽鐵論」，實際上是爲了朝廷平衡人際關係，是再分配的問題，而不僅是財富積聚的問題，更不是掙錢的問題。現在帶

著市場交換觀念的人被叫做有頭腦的理性人（rational man），錢成爲我們這個社會衡量人的標準。

　　從一定角度看，經濟人類學研究的，就是相對傳統的「經文濟世」的觀念和實踐，人類學家透過這樣的研究來給當今意義上的市場下定義，進而反觀現代經濟生活的問題。怎樣實現這種經濟人類學的對照與反觀的作用？人類學內部見仁見智，形成兩種論述，分爲形式論（formalism）和實質論（substantialism）兩個陣營。採取形式論的經濟人類學家認爲，有文化傳統的社會之間表現出來的經濟差別，僅僅是形式上的，我們可以用普遍的原則在文化的下面找到共通的經濟基礎。實質論者則認爲，我們從文化的角度看經濟，看到的那些差別是具有實質意義的。形式論和實質論的爭論焦點，集中在經濟到底怎樣理解這個問題上。實質論者認爲，實質性的經濟活動與人類生活的各種方式、制度和文化不可分割，無法用市場或價格的觀點來解釋。形式論的主張則強調透過「自我調節的市場」來理解經濟，忽略制度和文化的因素。怎麼理解它們的差異呢？比如，有一個人看上去很傻，形式論者會說他是「大智若愚」，愚蠢是理智的表現，他骨子裏還是懂得斤斤計較的；實質論者則可能像孔夫子那樣，眞的將傻當成一種具有實質意義的道德情操。更實在的例子是，形式論者就認爲，資本主義的「慈善」是騙人的，只有「剝削」兩個字才是眞實的，醫生恨不得所有的人都生病，補鞋的恨不得所有的鞋都壞，當老師的恨不得所有的學生都無知。而像莫斯那樣的實質論者則認爲，「慈善」帶有一種原始的「總體贈予」的因素，是互惠的表現。

　　實質論和形式論的爭辯今天還在持續，但沒有改變經濟人

類學的關注點。人類學是一門試圖在日常生活中發現「地方性知識」，並試圖從這種知識中提煉出關於「人」的理論的學科。帶有這樣特質的學科，一向給禮物饋贈現象予以密切關注。法國現代人類學的奠基人莫斯曾經總結世界各地的「禮物交換」，寫出一部叫做《禮物》的書，在書中莫斯指出禮物交換的魅力在於這種特殊的行為具有現代社會少見的「人格互動」意義。我們今天在酒桌上還能看到一些「哥兒們」舉杯而曰：「什麼意思都在裏頭了……」這裏的「意思」兩字，說的就是廣泛意義的禮物交換的特性。莫斯針對這種「意思」說，禮物交換是一種社會關係的意義體系，與注重利益獲得的現代市場交換不同，禮物交換強調的是人與人之間「面子」的互惠性。

在實際社會生活的場景裏，互惠通常可能包含表達性和工具性兩種。例如，根據閻雲翔的研究，在黑龍江省的下岬村，根據禮物饋贈的目的和社會關係的差異，存在「表達性的禮物」（被村民稱為「隨禮」），以交換本身為目的，反映了送禮人和受禮人之間長期形成的社會聯繫；也存在「工具性禮物」（被村民稱為「送禮」），這是以期建立短期利益關係的做法。在這個小小的村莊裏，「表達性禮物」饋贈，根據場合的不同包括了「儀式化」和「非儀式化」兩類，其中是否設「禮單」和一次酒宴是兩者之間區別的標誌，而村民則以「大事」和「小情」區分。儀式化的交換一般會涉及較多的社會關係，它表現了一個家庭在關係網絡上的力量和成就。家庭在這樣的「隨禮」花費中，大部分都用於儀式化交換。這說明「禮物的儀式性情境」，對於村民們的社會生活有著至為重要的意義。但表達性禮物的饋贈也有「非儀式性」的案例，這種不怎麼隆重的禮物交換，是村民日常生活的組成部分，起著維持鄉土社會網絡的作用，

被人們當成聯絡感情的一般手段。工具性送禮分爲間接付酬、溜須（巴結性禮物）和上油（潤滑作用的禮物）。其中「間接付酬」是在獲得關係網絡的「局外人」的幫助後，透過送禮的方式來回報人情，它有潛力成爲長期性社會關係，也可能向表達性禮物饋贈轉換。「溜須」發生在上級與從屬者之間，交換的目的是私利性的。而「上油」則是我們一般理解中的「走後門」和「賄賂」，當地人將它當成是「一錘子買賣」，一般也只在本村以外的情景中發生。換言之，在自己的村莊內部進行禮物交換，人們常常會有某種「人情」的壓力，而在自己社區之外進行工具性禮物饋贈，人們通常不存在這種社會心理壓力[4]。

中國人禮物交換的複雜性，說明我們不能簡單地像莫斯那樣，將禮物歸結爲一個鐵板一塊的「理想類型」，而應當看到禮物交換雖然通常帶有莫斯所說的那種「總體贈予」和「人格交換」的特質，卻也可能包含著實利交換的一面——也正是禮物交換的這一兩面性，代表著中國人社會生活的基本面貌。中國社會是以私人倫理關係爲本位的社會，人們秉承的是「特殊主義原則」，他們根據具體情境來對自己提出不同的道德要求，因而在處理人際關係（包括禮物交換）時，也有著極大的變通空間。

二十世紀以來，中國社會發生了巨大的變遷。五十年以前，隨著社會主義制度的建立，民間禮物饋贈模式不斷調整著自己適用的人情倫理，來適應國家新創的觀念和制度。但是值得注意的是，近二十年來，以「禮」爲中心的文化再度成爲我們實踐的重要內容。我們今天的「請客送禮」自然而然地隨著歷史的變化而變化。但是過去二十年中，「請客送禮」之風的重新出現，到底意味著什麼？下岬村的例子說明，我們一度想

用「同志關係」來取代「禮物關係」，結果使新設立的制度滲入到傳統民間文化的「禮」當中，使民間的交往具有更多的「實利內容」和「等級關係」。八十年代以來復興中的「禮」所代表的文化，已經深受這種制度變遷的影響，也已經表現出與傳統的「表達性饋贈」有所不同的特徵。這也就是說，在研究禮物交換的同時，我們還要注意到具有社會主義特色的再分配制度的作用。當然，對於「禮」的意義的這種變化進行詮釋，還有必要認識到一個更有歷史深度的問題，即「禮」其實是一個與中國「禮樂文明」關係密切的概念，它的歷史譜系中，早已包括了「再分配式」的「朝貢制度」，而這種朝貢制度本身也包含著「表達性」和「工具性」的雙重性。人類學者基於當今田野調查得出的結論，與這一古老的制度有何種關係？我們常說的「禮儀之邦」與民間送禮行為之間的關係，到底是什麼？這些是人類學家應進一步探討的問題。

4.3 權力與權威

人類學家在研究人的社會性時，採取了跟其他社會科學家不同的方式，他們特別重視所謂的「非正式的制度」的研究。那麼什麼是正式的呢？在一般的意義上就是說由國家，由一個專門的政權，來代表一種「官方的解釋」，來對制度提出一個官方認可或者推行的定位。在我們的日常生活中，與正式的制度相區別的非正式制度扮演著很關鍵的角色。比如說，在中國農村的一些地方，家族和村政府分別代表非正式與正式的制度。村政府是正式的，是國家透過各種方式找出的當地領導人物來

組成的。作為親屬制度之一種類型的家族，它的權威制度、經濟和社會的各方面，在作為正式制度法律規範上都沒有明文規定。經濟也是相同。國家提出了經濟政策，但生產、交換等方面的實踐，卻時常帶有「上有政策，下有對策」的一面，甚至可能分離於政策及其執行機構之外。說到底，人類學的做法大抵是將法權意義上的非正式的東西，當成正經八百的東西來研究。親屬制度的研究是這樣，經濟人類學研究是這樣，政治人類學研究也是這樣。

　　政治人類學在十九世紀諸多有關社會形態演變和法權制度起源的論述中得到零星的論述。十九世紀人類學對於政治制度的研究，值得我們去解讀，它的基本做法就是將當時非西方的各種政治體制，來與西方社會內部的非正式制度進行類比，創造出一個階段性的序列，將非西方各文化的政治面，當成西方政治體制的遠古歷史來研究。我們知道，人類學裏頭特別重要的有幾種概念，一個是「部落」（tribe），一個是部落社會以前的「氏族」（clans），一個是再前面的「遊群」（bands）。早期人類學家在做政治制度研究的時候，考慮的問題是歷史上那些缺乏正式組織的社會怎樣變成有嚴格組織的國家。我們可以說，政治人類學最早關注的問題，就是沒有政府的社會怎麼變成有政府的，即從遊群開始，混亂的狀態如何逐漸演變成國家。在中國的史書裏，這種演變的系列是存在的。中國的歷史和神話裏面最傳奇的故事，大致都發生在無國家向國家的過渡過程中。特別是在華北黃河沿岸，流行一種說法，說最早時候，伏羲和女媧作為兄妹結合並繁衍人類。伏羲就是羲皇，女媧就是媧皇。伏羲和女媧很可能代表了史前兩個部落之間的聯姻。「皇」字到了夏商周的時候突然成了正統的一個符號，代表「天

神」的權威，不再代表部落的神性。到了秦始皇和漢武帝的時候，三皇五帝的說法被確定下來，將歷史改造成了自己國家主權的象徵體系。

在古典人類學時代，人類學家對於中國古史很感興趣，也依據進化論的觀點解釋上面的故事。到了二十世紀上半葉，情況發生了根本的變化。我在前面提到，現代人類學確立以後，這種歷史的、社會類型的比較方法受到人類學家自己的總體清算。現代派的人類學家在批評古典人類學的基礎上形成了一種新的見解，認為人類學不能將非西方文化當成西方文化的「過去」，而應將它們看待成「同代人的文化」。這樣一來，跨文化比較脫離了宏觀人類史的制約，進入了一個追求反思的時代。從嚴格意義上講，政治人類學的研究正是興起於這樣一個反思的時代。反思什麼？人類學家反思的是近代以來西方國家體制的「進化」帶來的許多問題，尤其是兩次世界大戰表現出來的國家中心主義和全權主義政治的問題。

兩次世界大戰的緣起，背景很複雜，但有一點是關鍵的，戰爭與維護民族國家內部一體化、維護法權制度的尊嚴有著至為密切的關係。經過近代的發展，西方人越來越相信確立一種規範的、超人的政治體制，對於人脫離其他人的支配十分重要。流行廣泛的實利主義政治哲學，就主張確立一種嚴格的制度，使它正式化為抽象的「國家」，以此來減少人們的痛苦和增加他們的快樂。政治哲學所做的，除了考慮政治體制能達到人的快樂以外，更重要的是考慮民主這樣一種政體如何在全世界推行。可是，民主怎樣實現呢？很多政治理論家認為，首先要確立民族國家法權的制度，實現公民對於民族國家的認同，對暴力武器實行國家的壟斷。我們通常將這樣意義上的民主定義

為「政治的現代性」(political modernity)。政治現代性到兩次世界大戰之間,發展到了一個高峰。可悲的是,它的三個主要因素,到希特勒時代完全背離了「人的快樂」的追求,法權、公民的社會動員和暴力的國家壟斷,變成了戰爭和迫害的手段。在這樣的情景下,人類學家研究的另類政治模式,與當時的歐洲強權政治形成了有趣的對比,政治人類學因此也備受關注。

政治人類學家關心的是那些缺乏中央集權制度的社會,那些「無國家的社會」政治運行的基本邏輯與實踐,他們描述的東西大致來說是一種「有秩序的無政府狀態」(ordered anarchy)。一九四〇年到一九六〇年之間,政治人類學研究提出了相當豐富的觀點,這些觀點基本上可以分為政治組織研究和權威形成研究兩大種類。政治組織研究離不開英國社會人類學家的貢獻,而這些貢獻大多來自非洲學的研究,其中最有名的應當說是埃文思—普里查德(E. E. Evans-Pritchard),他的著作涉及面很廣,但案例多數來自非洲的努爾人。總的來看,這位人類學家關注的東西,是無國家社會的社會控制。既然這些社會沒有國家,那麼它們的「社會控制」就主要是由基於血緣和地緣關係構成的團體來安排。所以,埃文思—普里查德的政治組織分析,考察的是我們今天所說的「非正式的制度」,他對依據血統組合和區分的地緣團體之間相互監督、衝突和合作的關係很感興趣,其「裂變」(segmentation)理論強調團體凝聚力的情景色彩。他的例子說明,在無國家社會中,依據血統劃分的派系,對外是一體的組織,但對內則隨情景的變化而變化。當一個派系和它的對立派系面對外來壓力的時候,它們之間會團結起來,一致對外。當外來壓力減少時,內部的繼續分派,變成這些組織的基本特徵。

其他政治人類學家更加注意權威的形成過程，這方面李奇的貢獻最大。一九五四年時李奇出版了《緬甸高地的政治制度》一書，批評了功能主義有關政治的論述，認爲這種理論過於重視穩定的政治制度，而忽略不同政治制度之間的互動[5]。他部分地採納了馬克思的矛盾的觀點，強調政治的動力正是來自於矛盾和鬥爭，強調權威的建構是政治動態的基本過程。他將政治理想模式區分爲平權主義和等級主義兩種，認爲很多社會中，政治領袖的形成與選擇這兩種模式的具體實踐有密切關係。理想模式是政治批評和權威建構的手段，講平等的模式和講等級的模式，表面上水火不相容，事實上它們之間的差異，經常在政治權威爭奪的過程中被抹殺。怎麼理解呢？例如在一個村子中，某人想當村長，他就可能批評現任村長，說鄰村是平等的，一個二十來歲的人就當了村長，不因爲他年紀輕而被歧視，這個人透過宣傳別的模式來拿到本村的權力。可是，過了幾年，鄰村出了問題，那裏雖然平等，但有些人很懶惰，不參加勞動，不參與祠堂的活動，卻照樣分享權利。關於等級制又成爲宣傳的對象，服務於新的權威的創造。研究權威形成的過程，當然也可能採用衝突理論。

值得一談的還有政治象徵主義（political symbolism）的理論。什麼是「政治象徵主義」？意思大概有兩種。最早的一種強調人的雙重特性，將人的私利的社會行動定義爲政治性，將他們的利他行爲定義爲象徵性，意思是說利他的行爲往往帶有集體認同的表現，而利己的行動往往帶有支配他人的追求。在一本叫做《兩面人》的書裏，人類學家柯恩（Abner Cohen）首先提出這種觀點，他認爲人是由兩方面組成的，一方面是人自己的政治追求，另一方面是人願意爲群體犧牲的利他主義[6]。政

治象徵主義的另外一種含義，是指涉及到政治權力的象徵研究。這種研究也是從「兩面人」的觀點延伸出來的，但更坦白地闡述文化的象徵如何被政治權力所運用。二十年來，這方面的研究被廣泛運用到民族國家、民族主義和帝國主義文化的分析方面。採用相同理論框架的，也有考古學家和歷史學家，這一支在美國人類學中很重要，很關注王權和國家的文化建構。關於王權到民族國家的過渡，時常被我們忽視，其實這是一個很有意思的論題。想像一下中華帝國時代，我們的文化是以王權爲標誌的。皇帝與百姓是不同的，皇帝可以去祭天、封禪，這些文化不能跟農民共享。而現代的民族國家的建立，是以衝進紫禁城爲標誌的，皇帝祭祀老天爺的地方，現在成了旅遊景點了。這種帝國文化「庶民化」的過程，看來是普遍的，也是現代大眾文化的核心內容之一。

在過去二、三十年中，法國社會理論家傅柯（Michel Foucault）的權力理論在知識界引起了很大迴響，他那種認爲現代社會權力無所不在的主張，深刻地揭示了政治現代性暗藏的非人性的一面，與人類學在無國家社會中尋求的另類模式，有異曲同工之處，因而也受到人類學家的廣泛歡迎。比較傅柯的理論和政治人類學，我們能發現一個有趣的差異，前者直接面對現代性，後者間接地透過「文化的互爲主體性」的反省，達到了對現代性的批評。當然，遺留下來的問題仍然是文化相對論者提出的：政治支配的實質是不是普遍性的？事實上，一九八一年，在《尼加拉——十九世紀巴厘的劇場國家》這本書裏，格爾茲展開一項意義重大的探討，他認爲以權力爲核心的國家，是一種西方類型，在一些非西方文化中，權力、地位和社會性的表演，是政治活動的核心內容，人們追求的不是「國家」

本身代表的力量，而是國家所呈現的戲劇性和人格性[7]。

政治人類學關注的很多現象，涉及到權力和權威的觀念與實踐。這兩個概念的差別主要是，前者強調未經公眾承認的支配力，後者強調已被公眾承認的支配力，二者的區別在於強制性和非強制性。用這個區分來理解社會中的法律現象，也是很有啓發的。我們知道，有些人類學家專門研究「法律人類學」。法律人類學研究什麼？它研究的就是不同社會中權力和權威對於判斷是非的作用。我們現代的法律和法庭，制度化的色彩很濃，我們在罪與孽之間做了明確的區分，讓前者指犯罪，後者指道德意義上的越軌。在很多傳統社會裏，犯罪和違反道德規範之間的差別，並非那麼明顯。法律人類學家認爲，研究這些社會裏的「法律實踐」，對於理解現代法律的時代性和文化特殊性有著重要意義。這些「法律實踐」又有哪些？風俗對於解決衝突的作用是其中一項，這有點像我們中國的鄉規民約；神判扮演的類似於法律的角色，是其中的另一項。而人類學最爲關注的是，這些實踐與特定社會的道德倫理體系或整體的文化體系之間的關係。爲了探討這些現象，人類學家必須訴諸不同文化對權力和權威的解釋，因爲這種力量約束了我們制裁越軌行爲的方式。

民俗學家烏丙安用民俗學的框架歸納了法律人類學研究的內容，提出「民俗控制」這個概念。「民俗控制」的方式很多，包括隱喻型、獎勵型、監測型、規約型、訴訟型、禁忌型等，但共同達到的目的是社會制裁[8]。社會制裁分爲兩種，一種是正面的褒獎，叫做正面的制裁（positive sanction）；另一種是反面的貶斥和處罰，叫做負面制裁（negative sanction）。這兩種機制在很多社會中同時發揮作用，「棄惡揚善」指的就是制裁

的作用。可是,什麼是「惡」?什麼是「善」?人類學家謹慎
地說,對這兩種概念的定義,不同文化也千差萬別,我們不能
簡單地以自己的價值觀來判斷,而要深入到不同文化中進行意
義的摸索。

4.4 信仰、儀式與秩序

　　人類學研究很多舊的制度、舊的傳統、舊的生活方式,這
些東西表面上看與我們今天的「摩登時代」脫節,但其實是相
互反映的。宗教人類學方面的研究,可以說是這個反映的典型
表現。宗教人類學研究的大多是與馬克思說的「商品拜物教」、
與韋伯說的「新教倫理與資本主義精神」、與涂爾幹說的「教堂」
不同的信仰、象徵與意識。這一行的研究者關注的,首先是原
始巫術和所謂的「迷信」,可是它也企求從這個特別的側面體現
人類特性之中的某種一貫性。

　　宗教是什麼?相信宗教就是相信一種超人的神力(divinity)
的存在,這種神力有時被人格化為似人非人的東西,有時簡單
地就是自然力本身,有時被人們理解為死後的人變成的。宗教
人類學產生於不同民族對於不同的神力的想像,它的最早說法
主要有「恐懼論」和「泛靈論」。前者認為,神性出現於人的智
力低下時對外在的一切,包括夜間樹林的騷動所產生的恐懼。
如史賓諾莎認為宗教起源時人的心態就像動物一樣,對這個世
界理解甚少,狗夜間見到樹影狂吠,人見到這樣的影子,就以
為那棵樹有靈魂,就去頂禮膜拜,接著又出於恐懼,晚上做
夢。面對眾多不明的蹤影,就以為它們是神靈,由此創造了各

種有關神力的說法。到人類學比較系統得到發展的時代，宗教的詮釋方面出現了一個相對嚴謹的論證，它的基本做法就是在古老的「迷信」的探索中解釋宗教的根源。包括泰勒、弗雷澤在內的早期人類學家，試圖回答一個我們今天仍然難以解答的問題：信仰超人力量的存在，是不是全人類共通的「心智」（psyche）。他們的答案是正面的，認為很多原始文化的核心內容是對神力無所不在的「迷信」，這種「迷信」到後來才逐步隨著人對自然界認識的進步，改變為宗教信仰。進化論的觀點，注重的是人的認識水平的狀況，對於信仰的影響，尤其關注人與自然界之間互動的過程中產生的「誤會」，對於神性起源的決定性影響。這種神性有時被理解為生命本身，意思是說原始人以為世界萬物與人一樣有生命，所以要尊重。

早期宗教人類學研究將宗教研究與人的自然知識的「進步史」聯繫起來，派生出「迷信」（巫術）、「宗教」和科學這個時間系列。馬林諾夫斯基在他的有生之年，對人類學解釋體系的改造做出了巨大貢獻，而其中的一大貢獻是指出這種「進步史」的問題。與當時其他領域的研究一樣，進化論的宗教人類學研究，依據的是西方傳教士、探險家、商人、官員的日記、遊記和報導展開的，這些資料中確實有很多珍貴的例子，但進化論者犯的一個方法錯誤，是他們將世界各民族的宗教資料分割於它們來自的文化之外，對之進行時代性的排比。這樣，來自非洲、太平洋島嶼、亞洲、澳大利亞這些地方的資料，都被說成是「原始遺俗」，這些「遺俗」本來還被當地人實踐著，但進化論者認定它們已經屬於萬年前的文化。馬林諾夫斯基認為，這樣做使人類學家忘記了「原始人的心靈」其實是他們生活實踐的一個組成部分。真正將「心靈」分離於實踐的是西方

宗教，而被人類學家定義成「迷信」的那些東西，往往是不同民族解決日常生活問題的手段，這種手段的總體，組成一個民族的文化。巫術這種東西，與我們今天的科學相通的一面，是兩者都是某種「技術」，是解決實際問題、滿足人的需要的工具。

在法國人類學界，同一個時代也接受相近的觀點，將巫術與宗教（而非科學）區分開來，如社會學家涂爾幹就認為，巫術是個人克服問題的工具，宗教是社會團聚的手段。在法國學派內部，更有不少人關注「原始思維」的研究，認識到原始的神性，不簡單是人對自然界缺乏認識的表現，而是與人自身的精神和感知有關。早期人類學家在田野工作的時候，給土著人照相，看到土著人很害怕，這些人認為影像就是人的靈魂，一旦被「攝」去，就從他的肉體中分離出去，像在夢裏那樣，作為精神的人與作為肉體的人分開了，漫遊在一個未知的世界裏頭。物質的人和精神的人的不可分性，被一些人類學家延伸到對原始思維中自然律和神秘律相互滲透的特徵的解釋，也被延伸到對個人的集體表象的解釋。同時，涂爾幹學派造就了新一代人類學家，使他們更關注宗教儀式中社會構成的原理與過程。

要理解儀式的研究，有必要知道幾種主要的提法。第一個提法，來自儀式與社會的關係的研究，首先要提到的是凡·吉納普（Van Gennep）和特納（Victor Turner）。人類學家兼民俗學家凡·吉納普特別關注社會中過渡的空間，認為過渡空間是在兩個共同體之間起作用的部分。他把這種過渡空間的研究推及到一生的過渡禮儀的研究，關注人的出生、成丁、結婚、生子、生病這些事件中發生的儀式及年度的節慶，並將所有的一

切定義爲「過渡儀式」（rite de passage）。凡·吉納普告訴我們，研究社會應關注社會中的「非常時刻」，因爲正是在這些「非常時刻」，社會才表現爲社會，不同的個人和團體之間才形成關係。特納採納了這種觀點，他指出過渡的階段之所以重要，是因爲平常的時候人的社會等級區分很明確，而在過渡儀式階段，這些差別都暫時消失。舉些通俗的例子：在舅權社會中，舅舅本來是要管外甥的，但在外甥成丁的時候，總要買禮品來討好外甥，這時他的形象和態度與平時的凶相很不同；在男權社會中，女人生了兒子的時候，在家族裏頭一下子提高了地位，平時則地位很低；結婚的時候人們成了「明星人物」，談戀愛的時候一般要受長輩干涉；死的時候人們都來誇你，活著的時候恨不得罵你……這些日常的現象，有點像尖刻的笑話，但在特納那裏占有重要地位。用一句簡單的話來說，他對儀式的理解就是：儀式的作用在於讓人短暫地做好人，讓社會短暫地團結起來，抹平平常的等級差異與矛盾，短暫地讓人們放鬆地成爲一個平等交往的團體，接著又把人們控制在社會規範的範圍之內，回歸到它的等級平常態。我們一般將這種模式稱爲「結構到反結構，反結構到結構」。看上去特納在跟涂爾幹唱反調，實際上他還是在研究社會結構和儀式行爲的關係。

怎樣理解這裏的結構與反結構？不妨看看「病」的治療方式。在我們這個時代，病的治療與固定的醫院已經密切聯繫起來。可是，醫院是在近代才從西方引進的，以往我們的老祖宗生病，主要依靠中醫、氣功師和巫婆。中醫和氣功療法是不是科學，很難用西方科學的理論來解釋。不過有一點是肯定的，就是這兩種醫療疾病的方法包含的病理學和醫療學理論，與西醫中的同類理論有很大不同。在我們的傳統醫學中，人體被看

成與宇宙對應的體系，它的「病變」被看成是人體／宇宙的微觀體系的不和諧引起的，因而治療主要是要促成新和諧的生成。人們說「治病」，這裏用的「治」與政治中的「治亂」是一個道理。我們不能說「病」的治療是一種儀式，但傳統的醫療對「病」的解釋，不單純把病和健康看成個人的事情，而含有一種將人的身體看成是整個社會和宇宙的問題的一面，這實在值得我們來關注。

人類學家關注中醫學的做法和解釋，但因為這是一個複雜的知識體系，十分難以把握，所以迄今為止成果不是很多。不過人類學中對於儀式的研究，卻為我們理解醫療、信仰與社會的關係提供了重要線索。這些研究主要來自巫術。在人類歷史上巫與醫是不分的，在部落社會中，「病」被看成是社會的事情，是某種反社會的因素——如魔鬼和妖婆——從社會的外部滲透到社會中具體的人的靈魂和身體中造成的混亂。所以在部落社會中，醫療疾病要跳大神，人們圍著病人敲鑼打鼓，狂呼亂舞。平時不一定在一起的人群，這時團聚起來，病人在生病的時候，整個社會都要和他在一起，共渡難關，希望從一個病態人的身心中驅除對整個社會有害的因素。於是人類學家認為，作為生、老、病、死這一系列人生禮儀的組成部分，古老的疾病治療，與一個社會的道德秩序的重建有著密切的關係，因而這種醫療方式通常構成一種叫做「社會劇場」（social drama）的場景，是社會克服危機過渡時刻表現出來的「集體精神」。

我們總以為人類學家的那套說法早已成為過去。事實上，在我們這個時代，類似的疾病道德還在發揮作用。比如，愛滋病確實是一種由於免疫體系的破壞引起的人體疾病，但在全世界已經引起了一種叫「道德恐慌」（moral panic）的現象。愛滋

病與性關係的紊亂有一定關係，但不一定與我們想像的「亂交」和「同性戀」完全互為因果。可是人們在談愛滋病時，總是談虎色變，就像在談社會道德問題，這讓一些無辜的病人無端產生巨大的壓力。更嚴重的是心理分析學普及以後，歐美社會中各種類似的道德恐慌就時時發揮作用。近年來，英美就時興談論「兒童性虐待」（child sexual abuse）問題。人類學家拉芳丁（J. S. La Fontaine）最近在一本叫《談論魔鬼》的書中說，其實這樣一些事件是英美傳媒在現代社會中重新運用古老的「魔鬼理論」來催生道德恐慌的後果[9]。在英國，有些社會工作者到處抓對兒子進行性虐待的父親，其實有的父親只是打了一下兒子的屁股，就被抓了，被弄到社會工作委員會裏去交代問題。抓人的不是警察，而是社區服務的一幫人，他們讓兒子來控訴老爹，說他有性虐待行為。有些情況可能屬實，但大部分情況是一些社會工作者透過逼供捏造出來的。新聞媒體恨不得有這麼些事情來討論，使當今英美的電視、報刊充斥著諸如此類的報導，這有點像基督教清教派產生的前期，教堂對於「巫婆」進行的道德制裁。

「社會劇場」的概念還可以延伸到人生過渡禮儀之外的年度節慶。我們知道，在現代社會中，人們總以為以「年」代表的時間是一種物理學和天文學的現象；但在人類歷史的大部分時間裏，「年」意味的過渡其實具有很濃厚的文化意味。中國人過年守歲、放鞭炮、貼春聯等等，都是為了「總把新桃換舊符」，用象徵和儀式的辦法驅除年關潛在的危機。「社會劇場」的意思就是透過過渡時間的「超度」，來促成新的社會秩序的生成及人的生命周期的平穩運行，就是在一個特殊的時刻設計一個慶典，借助宗教的力量建立一個新的秩序，使常態變成非常

態，再使它增強社會的力量。

這樣一些事例，使人類學家越來越關注我們日常生活的宗教性和儀式性。以往我們總是區分日常生活與「神聖時刻的生活」，道格拉斯（Mary Douglas）等深刻的人類學思考者主張要看重日常生活的細節。她研究的是小事，刷牙、洗臉、換鞋子和吃飯之類。她認為社會的秩序正是由這些不起眼的事項建立起來的。在《純潔與危險》這本書裏，她說我們在談論骯髒和乾淨的時候，就是在進行道德的判斷。有人把腳放在桌上，我們說這是不規範的行為，是骯髒的表現，這實際上是在說我們自己乾淨。這種髒和乾淨之間的界限是社會劃定的，個人不可跨越，跨越了就「越軌」了，會受到譴責。吃飯也是這樣，在宗教歷史上，很多可吃的食物都不讓吃[10]。

一個世紀以來的宗教人類學研究，受啓發於宗教的社會觀與倫理觀，特別關注正規的宗教教派以外的宗教現象，並逐步將視野拓展到日常生活中去。這樣一來，很多原來在正統的教義裏頭不被看重的儀式行為、象徵體系和「迷信方式」，就成為宗教人類學探討的主要對象，而宗教人類學這個概念中的「宗教」，與人們原來所說的「宗教」很不相同。在歷史上，西方的傳教士總是對他們自己信仰的宗教和其他民族的「異教」做明確的區分，以此來突出自己的正統地位。人類學家拒絕這種做法，認為所有的「正統的教派」，與我們在其他民族當中看到的「迷信」是相通的，決然的區分本身是人為的、不符合人的原來面貌的。人類學家認為，大到教會的朝拜，小到印尼的鬥雞儀式，都是在創建一種道德的共同體，在表現著人對於秩序和混亂的判斷和想像，處理著人間的社會問題。

這也就是說，人類學家雖知道宗教可能是對現實社會關係

的「觀念形態扭曲」，但他們也認為這種「扭曲」本身也服務於社會現實的建構。馬克思畢生都想告訴我們宗教的真相是什麼，宗教在他看來都是假相，讓我們感到，雖然我們很窮，但是世界很美好。對他來說，真相是富人和窮人去的教堂不一樣。宗教一方面是統治者麻醉人民的鴉片，另一方面又可以使老百姓實現一種精神的抵抗，有時是積極的，有時是消極的。例如，在一個部落社會，酋長、巫師和醫生往往是同一個人，他有全部的「藥方」，即英文大寫的 "Medicine"，這種「藥方」是他統治部落的依據，但同時也可能被人們用來重建、「道德的共同體」，透過講故事、說神話，來演說酋長的不是。中國古代的皇帝和方士之間的關係，也是這樣，方士的「方術」有時證明皇帝是順天的，有時證明他的「氣數已盡」或「喪盡天良」。宗教與社會之間的這種兩可關係，也是人類學家最為關注的問題之一。

註　釋

[1]格爾茲，《文化的解釋》，中文版，納日碧力戈等譯，上海人民出版社，1999年版，第415-470頁。

[2]林耀華，《涼山彝家的巨變》，商務印書館，1995年版。

[3]波拉尼，〈市場模式的演化〉，中文版，渠敬東譯，載許寶強、渠敬東編，《反市場的資本主義》，中央編譯出版社，2001年版，第41-48頁。

[4]閻雲翔，《禮物的流動——一個中國村莊中的互惠原則與社會網絡》，中文版，李放春等譯，上海人民出版社，2000年版。

[5]Edmund Leach, 1954, *Political Systems of Highland Burma*. London: Athlone.

[6]柯恩，《兩面人》，中文版，王觀聲譯，世界知識出版社，1986年版。

[7]格爾茲，《尼加拉——十九世紀巴厘的劇場國家》，中文版，趙丙祥譯，上海人民出版社，1998年版。

[8]烏丙安，《民俗學原理》，遼寧教育出版社，2001年版，第134-211頁。

[9]J. S. La Fontaine, 1998, *Speaking of Devil*. Cambridge: Cambridge University Press.

[10]Mary Douglas, 1966, *Purity and Danger*. London: Routledge.

5. 生活的節律

　　「早期」社會的社會現象「牽一髮動全身」，每一個單獨現象都是社會整體交織網的一線。

　　　　　　　　　　　──馬歇爾·莫斯

La magie est depuis longtemps
objet de spéculations

　　馬歇爾‧莫斯（Marcel Mauss, 1872-1950），法國現代人類學奠
基人之一，在巫術、分類和儀式的研究中，提出了大量原創理論，
他的《禮物》一書闡述了交換理論的雛形，影響了幾代人類學家。

　　生活在一個社會中,要與其他人形成一定的關係。你要保持關係,就要承擔起與他人交往的責任與義務,像「人情」這個辭彙帶有的意味那樣;你要面對對你有要求的他人,要面對一個崇尚上進心的社會,與他人爭個高下。關係、責任、義務、地位,都不能脫離特定信仰和行為規則給你的規定。人生活的期望及為了實現期望而承受的社會壓力,都是「社會整體現象」的核心內容。用一個分析的眼光,你會看到我們的社會生活,被區分為社會關係、經濟、政治、信仰與儀式等方面,日常生活受這些制度的模鑄之後,成為「生活方式」,瀰散地分布在我們的衣、食、住、行的實踐中,從中得到具體表現。是什麼東西能將這些瀰散的關係、模式、力量與信仰結合成一個整體?人類學家抽象地說,是社會,或是文化。可是人的生活方式不是分散在地理平面上的碎片。那麼,是什麼機制將社會整體現象融為一體,使之成為我們理解中的「傳統」?

5.1 「七月流火,九月授衣」

　　《詩經》裏的〈七月〉是一首膾炙人口的先秦民歌。〈七月流火,九月授衣〉,這首經周代采風官整理過的歌謠,分八段細緻地描繪了上古時期鄉間生活的面貌。它的第一段,說的是農具修整和春耕,第二段說的是採桑,第三段說的是紡麻,第四段說的是打獵,第五段說的是修屋過冬,第六段說的是釀造和飲食,第七段說的是收割,第八段說的是祭祀。歌謠裏唱的節奏,與月分和季節的時間流動和諧對應,時間的流動又用衣、食、住、行、勞動和祭祀的季節性特徵來描繪。這長篇的歌

謠，描繪的是周代鄉間的生活怎樣圍繞著季節的節奏形成一個
體系。

〈七月〉描繪的「月令」、季節和「年」的周期，當然不是
自有人以後就有的文化現象。它能被記載下來，成為我們今天
還能閱讀得到的「傳統」，依賴的是文字。在古人說的「倉頡造
字」以前，又是什麼記載著時間的歷程？考古學家會說，大致
在兩萬年前，有的人用石製的器物來刻畫符號，表示時間的推
移；有的人用石頭擺成有規律的陣勢，來模仿太陽、月亮和星
星運行的軌跡，以表達時間周期；有的人用木、竹做的桿子來
衡量太陽移動的方位，以此來判斷時間。缺乏這些東西的人
們，「日出而作，日入而息」，他們的勞作與休息節律，全然與
太陽的出沒對應起來。這種「最原始」的時間觀念，今天還有
人運用，它與已經存在千百萬年的動、植物生命節律及自然節
律基本對應。在農業產生以前，這種直接的、簡單的節律對
應，必然是人的活動的基本步調，也是社會的基本步調。在狩
獵—採集社會中，生活的節律最依靠自然界的節律，人們的生
活仰賴著一年中自然界提供的物質條件，因而對於自然界誠惶
誠恐，認為自己與自然物產不能區分。比如，鄂倫春人認為獵
熊是不得已的行為，打著以後不能說「打中了」，而要說「可憐
我了」，好像獵人就是被獵的熊本身；熊死了，不能說牠「死
了」，只能說牠「睡著了」。鄂倫春人食用熊肉，但認為熊頭要
風葬，是神聖的東西。分食熊以前，熊被扛著到每家每戶舉行
告別儀式。在這樣的社會中，自然與人之間聯繫成一個至為密
切的整體，物品的季節性，與社會的季節性，達到了充分的對
稱。在遊牧社會中，「逐水草而居」的習慣，也是兩種節律相
互交融的輝映。

　　一萬五千年前，世界上出現了「農業革命」，使人類定居了下來，空間的穩定，帶來時間的程序化，年度周期成為傳統。「時間」的嚴格定義是不是那個時候流行起來的？要解答這個問題，當然有相當大的困難。可以想見，在一萬五千年的農業和畜牧史裏，人沒有停頓地關注時間的流動。不過歷史上和現存的傳統社會裏，時間帶有的意味，與我們現代的時間觀有很大不同。我們理解的時間，是可以用數量來衡量的「期間性的」（durational），是可以被年、月、星期、天這些量的單位來切分的「塊」。在傳統社會中，人們實踐的時間，雖也用年、月、日來表達，但對時間的理解，更多地帶著非數量性、「非期間性」的特徵。

　　如〈七月〉所呈現的那樣，一個社會共同體的整體性，形成的基礎是一種周而復始的年度周期。〈七月〉給我們留下的時間，首先是一個四季分明的自然界。在這個四季分明的自然界裏，人的勞作依順著自然的節律展開，農業、採集、釀造、織布、手工業、造房，這些人的勞作，隨著四季的周而復始的流動，按部就班地展開著。人的勞作的四季，同時也是社會生活的四季。根據勞作的要求，根據人的性別，社會進行了分工，像〈七月〉說的，人們有時「同我婦子，饁彼南畝」，有時「女執懿筐，遵彼微行，爰求柔桑」，有時「朋酒斯饗」。勞作的節律，因而也是四季分明的男女性別區分與合作的節律。人們在性別分工和兩性合作的基礎上組成了親屬團體，居住在他們建造的房子裏，一同過他們的日子。所以人類學家說，這種兩性組成的社會，同時也是一個經濟的單位。〈七月〉還告訴我們，在先秦時期，這個以家為中心的社會經濟單位，已經依附於諸侯國的政治體制，從「家」裏走出來的兩性，女性在八月

的時候，總要將麻紡染得絢麗多彩，將最漂亮的紅絲，交給公子作衣裳；男性在十月農作物收割、存倉以後，要「上入執宮功」。諸侯國與鄉間的家形成的不平等的關係，給那時的家蒙上了一層政治統治的陰影。不過鄉間有它自己的公共領域，在舊年和新年的過渡期，從十二月到二月，在收穫季節以後的九月和十月，是鄉間儀式最爲集中的季節，過年與春耕重合，秋天的祭祀與農業的秋收重合，「春秋」成爲一年最重要的時間，所以我們的前輩們也把春秋當成時代的基本內容，用它來形容「年」，甚至全部的時間。「春秋」的社會、經濟、政治和宗教的綜合意義，在神聖的祭祀儀式裏被神聖地慶祝著：

> 二之日鑿冰沖沖，
> 三之日納于淩陰。
> 四之日其蚤。
> 獻羔祭韭。
> 九月肅霜，
> 十月滌場。
> 朋酒斯饗，
> 曰殺羔羊。
> 躋彼公堂。
> 稱彼兕觥：
> 萬壽無疆！

年度周期承載的社會整體現象，在現存的農耕社會中，依然能被觀察到。例如，基諾族的農耕禮儀是一個隆重的節日。在這個節日的夜晚，人們根據傳統聚在一起盡情歌唱，頭目或村長要給他帶領的村民吟唱「朴折子」。「朴折子」的內容也是

包羅萬象，將一個民族的生育、生產、狩獵、採集、權威、宗
教等等放在同一個想像的空間裏，讓它們組合成社會時間節奏
的交響曲，使虛幻的和現實的現象結合起來，表示生活本身的
意義和生命的力量，而這所有的意義和力量，與這個民族所處
的生態氛圍構成難以切割的關係[1]。

5.2 時間就是社會

「時間就是生命」。人要經過生、老、病、死這些人生的關
口，人生過了一個一個的關口，最終還是天年有限，要從有生
命的人變成無生命的物。從它的延伸意義來理解，「時間就是
生命」這句話，也可以理解爲「年」這個時間的周而復始的
「段」，它的有限範圍內的「死」。人類學家說，無論是作爲人生
的時間，還是作爲「年」這個社會的時間，時間在我們生活中
起的作用很大。於是社會要融合爲一體，需要依靠時間的關
口，需要在把握這些關口的過程中，顯示社會的整體意義。在
這個層次上，時間就是社會。

人呱呱落地，降生於這個世界，這個時刻，創造了一個生
命，說這是一個生命，是因爲他要在這個世界上活一輩子。
「一輩子」是什麼意思？就是幾十年甚至上百年的一生。在一生
裏，許多人要「走自己的路，不管他人怎麼說」，但「不管他人
怎麼說」，不意味著人的一生可以完全置社會於不顧。社會整體
現象之所以是社會整體現象，正是因爲我們每個人都有這一
生。母親生我們的時候，好像是一個人在創造另一個人，但因
爲我們每個人被生下來，就要成爲一個家庭、一個社會的成

員，所以對「生」，社會有很多的規則，小到接生的方法，大到計劃生育，圍繞著小小的生，人創造了生育制度，用家和國家的一切範疇來給這個小生命一種具有時間性的社會定位。生育不是個人的事情，老人們說，在我們這個社會中，婦女生育男兒以後，在家族裏的地位一下子會得到飛升，這是因爲她爲家族的綿延做出了巨大貢獻。

生出來的新生命，被納入一個社會，需要面對生存於社會之中的種種問題。成爲一個成人，人要經歷無數的磨難。在那些教育還沒有成爲一種社會分工的社會中，小孩從長輩那裏學習生活的技藝，憑著符合天性的遊戲來學習生產和戰鬥的技巧。在教育成爲一個社會訓練社會人的專門場所的社會中，成年的過程是人被教育空間安排的時間嚴格限定的過程。在傳統社會中，成丁時家族要舉辦隆重的儀式，來告訴成丁的人和他的同伴，「你已經是個大人」。在現代社會中，高等學校的畢業典禮，起到了同樣的作用。從此以後，人要成爲勞作的人，他進入了一個社會化以後的時代，就要用社會的辦法來實踐和傳遞社會的規則。這個過渡的過程是一系列的磨難，那些經受不了磨難的人，可能因情緒的不穩定而產生反社會的情緒，成爲與「正常人」不同的「非正常人」，甚至是瘋子或罪犯。對「非正常人」，社會採取嚴厲的制裁，對「正常人」，社會則給予他們循規蹈矩的行爲不同程度的回報。

童年時候的人，被賦予特殊的權利來嬉戲地看待社會的公共性，他們還不是成人，古怪的行爲不被責怪，他們的生活節奏，也可以與整個社會的年度周期不同。但成年的「正常人」，他的個人生活節律與整個社會的時間節律重疊了起來。一個人長大了，他要找到一個對象，與她構成某種兩性之間的生活關

係，對於這種關係，大部分社會要求用婚姻來定義。無論是要
舉行隆重的婚禮，還是只要做簡單的結婚登記，人與人之間、
人與整個社會之間形成了一個長期的契約關係。他們生兒育
女，要受一個社會的特定規則的認可。而在很多傳統社會中，
生育本身就是規矩，不育或拒絕生育，被認定爲道德越軌。一
對夫婦的感情，也交給了社會來管理，最嚴重的分裂是離婚，
它帶來的後果，越來越不被人看重，但離婚過程中，人所要承
受的輿論負擔和法律處決的負擔，不能不說是社會性、經濟性
和政治性的。在宗教發達的地方，對婚姻的越軌（包括離婚、
婚外情，甚至不育和夫妻不和），都要遭到宗教機構的制裁，比
如被教堂開除教籍等等。

　　人的成年，當然不僅是指人成爲有配偶的人，能對種族的
綿延做貢獻。人的成年，還指成爲透過勞作來生活的自立人。
社會中不乏寄生於他人的人，但在大多數的情況下，成人要延
續他的生活大多需要勞作（包括婦女的生育與養育），甚至可以
說，寄生與被寄生通常也有一個交換關係。人要勞作，就要像
〈七月〉說的，要將自身納入到一個四季分明、周而復始的年度
周期裏，跟隨著人生活的社會共同體，日出而作，日入而息，
遵守社會的時間節律，生產食品、服裝，建造住房。在自給自
足的地方，衣、食、住靠以家庭爲生產單位的團體來提供，在
這些方面的更大範圍的協作，透過勞力、物品和金錢的互惠來
實現；而在一個商品經濟發達的地區，人的勞動成爲抽象的價
值，它獲得的報酬可以在一個廣泛的範圍裏換來生活的所有條
件，衣、食、住成爲商品，時間成爲金錢。成人是成人，也是
因爲他「成仁」了，因爲他已經接受了社會的道德理論規範，
與他人形成了特定的關係。這種關係有時是非正式地以風俗習

慣來定義的，有時被正式地框定在法權的範圍裏，與政治制度密切勾連起來。在大多數社會中，人是分等級的。人與人形成的關係，通常也是動態的。成人處理與不同等級的人的關係，採取不同的交往技巧，不同的文化有不同的規矩。在很多社會中，存在著持無神論態度的成人，但即使是這些人，行為上也要循規蹈矩地表現他們對於超人的力量的尊敬，包括對超人的無神論的尊敬。

人生的時間是有限的。與任何生物一樣，人會生也會死。在人生的有限時間裏，人想了很多法子來過他的一輩子，這些法子包括藝術的創造，這種最為具有人的原創色彩的活動，往往與人文世界構成扭曲或對應的反映，來獲得自身的創造意義。人的創造能給後人留下歷史的記憶，在神話、傳說、故事、歷史裏頭留下印記。但人生的終結，沒有超越死亡。死亡可以說是人的創造力無法戰勝自然的終極表現，但因為是這樣，死亡也就為社會的不斷再生提供了最為重要的時機。「人終有一死，或重於泰山，或輕於鴻毛」。處於不同社會和歷史地位的人，他的死亡有不同的意義。英雄死後，透過神化而成為神和祖先；無足輕重的人死後，如果沒有後人給予超度，會被認定為「鬼」。因為「鬼」被設想為會擾亂社會安寧的那一類，所以平凡的人總喜歡所有的死人成為神或祖先。在喪儀裏演出的一齣齣值得觀看的「社會劇」裏，要將個體的人的屍首，當成社會神聖力量的塑造素材，在它上面大做文章。

老一輩人類學家田汝康曾發表《芒市邊民的擺》，根據一九四〇年到一九四二年間在雲南芒市那寨從事五個月田野工作所獲的資料，分析當地擺夷人（傣族）「做擺」（集會）的習俗[2]。據說，「做擺」可以為生著的人死後在天上訂下寶座，讓人去

世後有一個理想的歸宿。「做擺」的內容是將生產的剩餘價值奉獻給佛，以期神佛賜予天上寶座。芒市的土地肥沃，農業產出大大超過需求，而擺夷人並沒有將剩餘價值投資於擴大再生產的習慣，而是依據傳統將財富大量耗費在「做擺」上。「擺」有「大擺」和「公擺」之分。「大擺」是以家庭為中心召集的集會，「公擺」則牽涉到整個地方共同體。顯然，「大擺」與家庭的重大事件有關，而「公擺」則依據一年中時間的宗教周期來舉辦，有的針對一年中的「凹期」的不吉利因素而舉辦，有的是配合農業的播種和收成節奏舉辦。人們舉行「擺」的儀式時，要邀請寨外有關係的人來參加，一次「擺」的儀式，能聯合二十幾個村寨。「做擺」的家庭贈送給客人豐厚的禮物，以表示他們的熱情好客與能力。「做擺」是人向神佛奉獻厚禮，與神佛交換天上寶座的禮儀，同時又是人們向親友擺闊氣，求取名望和社會承認的機會。客觀上，它也起著超越村寨局限的作用。「擺」是為了死或升天這樣的未來時間轉折舉行的，它將宗教、經濟、社會、政治權威等制度和觀念聯結在一起，「擺」可以說是一種整體社會現象。

　　圍繞著人生的成年、結婚、勞作、休閒、交往等等，人形成行為的習慣，習慣接著成為慣例，慣例和社會性的時間節律結合起來，形成風俗，習慣和風俗接著結合成社會，社會在人生、勞作和慶典的節奏裏，構成了一種難以切分的整體性，我們將這種整體性叫做「社會整體現象」。時間就是社會整體現象的核心。社會整體現象要起作用，卻不能離開每個個人的實踐，受社會時間節律調節的勞作和交往，一方面起著讓人「過一輩子」的作用，另一方面透過提供一個節律的體系，循環往復地複製著人對自然界及對社會的解釋，這種解釋就是「宇宙

觀」。這種總體性、整體現象及宇宙觀的能動過程，時常被人們形容爲「傳統」。

5.3 曆法與秩序

社會的時間節律，既然維繫一個社會的完整性的核心機制，那它的作用便眞的可以說是「牽一髮動全身」，人們對它也要懷著誠惶誠恐的心情。我們民間流行的《通書》便是一個例子。一般的《通書》，用天干地支來記錄時間的周轉，同時表明歸屬不同生辰八字的人，他的個人時間與這個宇宙觀的時間對應時可能出現的情況。根據五行的原理，時間的特定點，被描繪成天象和宇宙萬物處在的狀態，狀態的好壞又導致有靈性的天象和萬物的情緒好壞，《通書》註明在這個時間的點上，宇宙萬物是不是和諧，如果不和諧，就叫做「凶」，如果和諧，就叫做「吉」。因爲吉和凶都是對個人生辰八字而言的，所以《通書》提供一個完整的圖表來讓人查出重大的事件、要緊的計畫該在什麼時候進行才吉祥。

現在，在一些地方，《通書》這一類的東西還是很流行，跟它配合的還有測算人的流年運氣，大體也是要告訴一個人在一生裏，在一生的哪一年、哪一月，甚至哪一日，會出現什麼氣運，而人的行爲又該注意配合什麼。很多人將這種古代遺留下來的老黃曆稱作「迷信」。《通書》裏，信仰的成分確是有的，但這種曆書也是一種社會行爲的時間藍圖，它告訴人們的是，怎樣使人生的實踐與宇宙間萬物的秩序配合得更好、更和諧、更吉利、這樣的時間節律的嚴格規定，在今天這個只區分

「假日」和「工作日」的時代裏，已經不怎麼重要，所以我們說它「迷信」。可是在傳統社會裏，它備受人們的關注。秦漢時期的皇帝，就特別相信懂得這一類知識的方士，尤其是漢武帝以後，皇帝特別希望長治久安，特別關心自己的行為是不是與「天的節律」符合。他們於是「象天法地」，營造一種叫做「明堂」的建築，可以在裏面祭祀、生活和施政。「明堂」根據宇宙變化的節律，劃分出空間的方位，分出吉凶[3]。皇帝在裏頭的活動都要遵照時空的規律。對於統治不順，皇帝還會以為是由自己在某一天的行為引起的，於是求方士來解除麻煩。「明堂」的制度與皇帝統治天下的政治中心的空間格局完美地對應著，城市不僅只是交易、工作和生活的集中場所，指的是由配合著日月星辰、五行等元素的祭祀空間組合起來的體系。皇帝一年四季都按照一定的規則、一定的節律，不辭辛勞地去朝拜。

在古老的文化裏，時間的尊嚴被一個社會的統治者嚴密地保護著。像中國古代的「明堂」及朝拜的祭壇，都還算是比較簡樸的了，獻給神靈、天地的祭祀品，體系很完備，意思很濃重，但主要是象徵性的。在阿茲特克文明裏，血腥的獻牲卻是維護時間尊嚴的常見手段。同我們上古時代一樣，這個文明裏的曆法有一部分繼承了農業的季節區分，但它的核心內容是祭祀活動。每年分成十八個月，每月分成二十天，一年還加五天凶日。宗教的星期包括十三天，每一天都有特殊的名字，以氣象、動物、工具等來命名。時間的各段落裏（包括每個白天、每個黑夜），都有特殊的神靈保護著。在凶日裏，人們什麼都不能做，在一些重要的神把持的日子裏，獻牲是重要內容，獻祭的不只是動物，還包括被血腥殺戮的人[4]。

莫斯曾說，社會整體現象的「高級的藝術」，就是政治學了

[5]。他的看法是,這個整體現象的核心是交換的機制,即人與人相互接受的互惠,它的最高層次是一種如慈善這樣的公共道德。如果我們接受他的觀點,將社會看成是人與人交往的模式,那麼正是在社會的時間節律中,這些交往表現出了強烈的時序色彩,它的高級表現就是作為宇宙觀和宗教最精華部分的曆法。所以一個帝國在創立之初總要編修曆法,將它頒行於天下。這從歷史發展的另一種極端的側面,反映了社會共同體中時間節律的凝聚力。

註　釋

[1]尹紹亭，《一個充滿爭議的文化生態體系》，雲南人民出版社，1991年版，第169-175頁。

[2]田汝康，《芒市邊民的擺》，重慶商務印書館，1946年版。

[3]顧頡剛，《史跡俗辨》，上海文藝出版社，1997年版，第77-79頁。

[4]瓦倫特，《阿茲特克文明》，中文版，朱倫、徐世澄譯，商務印書館，1999年版，第177-193頁。

[5]莫斯，《禮物》，中文版，汪珍宜、何翠萍譯，臺灣遠流出版公司，1989年版，第108頁。

6. 「天」的演化

　　每一種文化都存在不同的制度讓人追求其利益，都存在不同的習俗以滿足其渴望，都存在不同的法律與道德信條褒獎他的美德或懲罰他的過失。研究制度、習俗和信條，或是研究行爲和心理，而不理會這些人賴以生存的情感和追求幸福的願望，這在我看來，將失去我們在人的研究中可望獲得的最大報償。

——布羅尼斯拉夫·馬林諾夫斯基

　　布羅尼斯拉夫·馬林諾夫斯基（Bronislaw Malinowski, 1884-
1942），生於波蘭，在英國成爲著名人類學家。他是現代人類學的奠
基人之一，倡導以功能論的思想和方法論從事文化的研究，所著
《文化論》講述功能派的文化理論；《西太平洋的航海者》典範地展
示現代田野工作與民族誌方法；《文化動態論》講述文化變遷分析
的方法，爲我們指出文化不是歷史的殘存，而是人生活的工具。

　　「一方水土，一方人」。在人類學家看來，這句話表達了一個深刻的道理：作爲整體社會現象的組成部分，親屬制度、經濟、政治和宗教，與它們存在和起作用的地方，構成了一個難以相互分割的體系，這個體系由周而復始的年度周期維繫，使一個地方具有一個地方的一體性和總體特徵，使不同的人群生活於自己的宇宙觀模式之中。這樣的地方特色，這樣的宇宙觀，深深地嵌入於人們日常生活的衣、食、住、行等等方面之中，對人的工作與娛樂、生產與消費、實踐與儀式起著微妙的作用，我們將這種作用叫做「社會的迫力」（social imperatives）。

　　人就是社會，社會就是風俗。人類學家研究人，看到的人，是與「物」的世界有區別又有聯繫的。人正是在區別於「物」又與之構成聯繫中形成了我們所說的「社會」。人類學家認爲，「社會」不是時髦的理論家告訴我們的那一套套組織機構、治理手段、資源配置的模式；「社會」是由一個民族、一個地區、一個地方的風俗和習慣構成的，處理人與人之間、團體與團體之間、階層與階層之間關係的文化機制，也是人們想像的世界與現實的世界互爲對應的文化機制。以親屬制度、地緣紐帶爲「初級制度」構成的社會關係，與贈予和交換的各種模式、權力的事實與想像、宗教思想與活動一道，構成了整體社會現象，界定了我們人的本質。在一個特定的地方，人與「物」的世界之間構成的區別與聯繫，方式有所不同，人類學家用相對的文化觀來研究這種差異。

　　人類學家的這種「非我中心」的文化觀，使這門學科的視野從現代社會拓展到古代的石器時代、希臘羅馬、埃及、中國、印度、中東，拓展到當代的少數民族的人文世界，學科的

焦點是非現代的、異己於現代文明的傳統社會。就現代性而言，無論是德語的Neuzejt，法語的le moderne，還是英語的modernity，都是指與所有形式的「過去」的斷裂，包括思想上的決裂和實踐上的非連續性。倘若你能理解人類學家的思索，你一定會說，眞正有助於我們更清晰地界定現代性的學問，就是研究現代的「對立面」的人類學了。可是這樣一說，問題也就來了：人類學家描寫的那種「一方水土，一方人」的面貌，那種「凝固的時間」，是不是已經或正在隨著現代性的全球化而消失？如果說文化的新舊更替已經發生，那麼我們又怎樣理解關注傳統的人類學在當代世界中的意義？

6.1 變化的世界

「變則通，通則靈」。這句老話使很多人想到變遷的觀念的古老根源，至少想到《易經》，想到這本古書如何論述「變通」。可是這種古老的「變」的理論，與我們今天說的「變遷」（change）表達的意思，基本上是兩碼事。

古人描述的「變」是一個陰陽力量相互持續消長的「道」，它長期以來與「祖宗之法不可變」的另一種論調並存，以「變」之道來順應「天命」，維持具有政治意義的天、地、人的和諧關係。這種「變」的世界，在人類學家描述的部落社會中也時常可以看到。著名人類學家埃文思—普里查德的《努爾人》，分析的那個努爾人的社會，核心的內容是與生態的時間和空間聯繫爲一個體系的「裂變體系」，所謂「裂變」的意思，就是在分分合合的持續變動過程中形成秩序，應對外在環境的變化。李奇

的《緬甸高原的政治體系》，描述的是政治權威形成過程中，實踐著搖擺於不同的理想模式之間的「鐘擺狀態」。古人和部落人理解中的諸如此類的「變」，大體來說都要依靠神話結構中的二元對立與互換原則。不管是中國的陰陽，還是部落社會的「裂變」與「鐘擺」，這個意義上的「變」是樸素的辯證法和社會選擇自身決定的。

現在說的「變遷」，是有歷史目的論要求的，它意味著社會整體在時間推移中的方向感，這種方向感是與過去的斷裂，與那種周而復始的時間觀念不同，在近代以來發生的，我們叫它「現代化」，它的理念和結果，我們叫它「現代性」。什麼是「現代性」？理解了人類學對傳統的整體社會現象的不同方面的研究，我們就不難理解現代性要預期達到的變化。首先，現代社會的確立，依靠「新秩序」的奠定，「新秩序」之「新」是因為它要超越人類學家關注的遊群、繼嗣群體、親緣關係、部落、農業社區，要將人從這些共同體中解放出來，組成新的社會，在重新歸屬的行政空間範圍內接受新的時間安排。這個超越地方的社會為了維持穩定，特別需要透過在工作地點對人的活動進行時間和空間的規定。於是現代化論者常常提到，「現代化」就是科層制的興起。「科層制」是什麼呢？就西方的現代化經驗看，「科層化」的實質是社會時間和空間的重新安排和配置，它要使人際互動脫離傳統生活中的多向度性，而使它單向度地面對著工作地點的行政管理。

其次，來看經濟交換的變化。在不同類型的傳統經濟中，經濟體系與文化體系的其他方面不可分割，經濟活動往往作為特定社會整體的組成部分存在。在現代性高度發達的社會中，社會被分化為國家、市場、民間社團和慈善機構。充分現代化

的民族國家一般不執行資源再分配的功能，資源的加工和消費在多數情況下是由市場自我調節的。市場的稅收一部分供應國家的開支，另一部分用於勞動力再生產，再有一小部分流向慈善機構供社會救助所用。慈善機構的福利體系在存在意義上類似於互惠交換，但其所構成的社會關係與傳統社會的道德—經濟關係十分不同，屬於一種市場利潤的民間制度化再分配。大量的配置性資源被用來從事營利的市場交換，其結果是市場自我再生產和擴張能力的增強，以及對金錢象徵力量的普遍認可。世界經濟體系的格局，基本上可以分為發達國家體系和不發達國家體系之間的中心、邊緣、半邊緣等級，其間物品的流動，表現為「物競天擇」，其價值一方面是在質量競爭中實現的，另一方面是貨物本身的「現代性」特性的表現。這樣一來，以人際關係和權力為基準的互惠和再分配制度，在現代社會成熟的過程中逐步讓位，或者成為「非正式制度」，部分納入「正式的」市場制度的覆蓋範圍。

再次，來看政治和法權的變化。在很多小型的共同體中，爭端的解決依賴風俗、習慣和人際關係，神判和習慣法起著重要作用。即使是在傳統的帝國中，成文法律可能已經發展得很完備，但這種法律與帝國的權力、禮儀和道德倫理制度結合為一個整體。而在現在社會中，法律被逐步疏離出來，其他方面的因素被排斥為「非正式制度」。

最後，現代性還能從信仰、符號和儀式的角度來考察，因為現代性的理想結果之一，是民族主義在各種儀式和象徵體系中的支配地位的形成。在一些人的理解中，現代性意味著「世俗文化」取代「神聖文化」，也就是說現代性的成長就是「非理性的信仰」的消失。事實上，現代性的一大特點恰恰包含新的

符號體系和信仰。這種符號和信仰的一大特點是相信一個「統一的過去」的存在，而這個「統一的過去」為的是展示一個「統一的現在」（即民族國家）的存在，它與傳統社會中的各種信仰區別很大。在傳統社會中，符號—儀式體系對「過去」的解釋是多元的，因而人類學者在田野工作中常常碰到當地人對同一個符號和事件賦予不同解釋的問題。現代性的特點就是對民族國家的「過去」賦予同一個「官方解釋」，使歷史成為社會統一安排人的生活軌跡的目的論手段。此外，隨著原生性共同體逐步被排擠，人們面臨越來越多的不確定性。

在「新社會」中，人們要脫離熟人，面對更多的陌生人和來自四面八方的生活不確定性，這使人們不再能夠依賴原來的人群和固定的「命運信仰」來生活，而必須相對個別地與一個超越地方的社會構成相互連接的關係。於是產生了「風險」的觀念，這種觀念進而成為文化，取代原有的對「命運」的信仰。人們為了應對來自四面八方的不確定性，便十分信任社會為他們提供的各種服務制度，包括保險、福利、醫院、律師等等。這些東西都是克服風險的專家制度，與傳統社會的宗教、互惠、巫術等機制有很大的不同。在過去的社會中，人們遇到問題時，可以尋求社區中的家族和鄰里的幫助，而當現代性發展到一定程度時，人們大多就轉向職業化的機構來尋求支持。這與其說諸如教堂、廟宇之類的機構必然被新的信任機構所取代，而毋寧說這些既有的機構，也可能發揮他們在克服風險方面的作用。

6.2 文化動態論

現代性意味的「變」，是一種目的論的一元主義，難以容納傳統社會的文化辯證法和「致中和」的哲學，難以寬容缺乏正式政府機構的部落的「分裂體制」，難以寬容傳統社會的「面對面」的小地方，難以寬容信仰的「非理性」。近代史上，甚至是主張「變」的中國維新派，對於這種目的論的一元主義都有防範之心，認為它可能招致整個「天下」的混亂。可是這種防範之心終究沒有成為主流。

人類學給人的印象確實是研究傳統的學問。但人類學家馬林諾夫斯基早在一九四二年發表的《文化動態論》一書中，就探討了現代文化對於非西方文化的影響。他的例子主要來自非洲，在那裏他看到，殖民地在面對外來殖民文化的時候可能要產生的變遷，而且那時的變遷道路已經逐步明確，一種是殖民者的外來新文化占完全支配的模式，另一種是介於殖民者和被殖民者之間的模式，再一種是本土中心主義的模式，而逐步占主流地位的是後兩種的結合，它是非西方民族主義的前身。

將現代文化與殖民主義完整地聯繫在一起，不一定能充分解釋現代性的複雜歷史。世界上沒有被變成殖民地的地區是有的，我們中國就曾是一個「半殖民地」國家，而我們也曾在明清時期（甚至更早一些）自主地發生過近似於「現代化」的「資本主義萌芽」。然而，迄今為止，我們總結的「現代性」，它的經驗主要來自歐洲，基本上是西方社會科學家觀察自己的社會後做出的結論。

　　在接受現代文化時，非西方社會難以避免地會面對當地的具體問題，因而它們的現代性也會出現地方性特徵。非西方社會具有與現代性的起源地西方社會不同的社會形態和文化傳統，對它們來說，現代性屬於外來文化。在傳統的「廢墟」上建設民族國家的過程中，非西方社會的政治精英面臨著如何處理本土傳統與外來的新傳統之間關係的問題。這並不是說西方社會從未碰到這個問題。不過西方社會中現代性的產生有一定的歷史背景，而且經歷過較長的歷史時期，因而是逐漸爲人們所接受、潛移默化的過程。相比之下，非西方社會引進現代性是較晚、較突然的，因而與本土傳統形成的矛盾比較激烈。政治精英爲了使自身處於合法性的地位並獲得民眾的支持，有時必須強調他們的政治綱領符合現代社會的要求，有時爲了迎合抵制殖民主義和外來文化滲透的民心，他們卻又必須強調他們對本土傳統的關切。於是在非西方民族國家中，廣泛存在傳統主義和現代主義的周期性循環替代，有時傳統主義處於支配地位，反對世界霸權和西方現代性的呼聲也處於支配地位；有時現代主義處於支配地位，與西方世界體系「接軌」的呼聲也隨之擴大。在一些情況下，它們合流形成一種傳統主義和現代主義的揉合形態。但在一般情況下，這兩股潮流常常並存，它們常常形成內部的矛盾，造成不斷的內部資源的耗費。尤其是在正規宗教發達的地區（如中東北部和阿拉伯世界），傳統主義和現代主義的矛盾可能表現爲宗教的內部派別分化，造成原教旨主義和改良主義的衝突，從而削弱主權和公民權的意識。

　　現代性同樣可能造成的另外一個後果，這就是族群關係的極端複雜化。民族國家的意識形態潛含著「一個民族等於一個國家」的邏輯。這在一方面有利於非西方民族從西方帝國主義

體系中獨立出來，但在另一方面也造成了非西方社會的「民族認同危機」。在非西方社會中，長期存在不同小部落和族群並存的狀況。二十世紀以來，非西方民族國家紛紛成立，它們在很多情況下不是以「一個民族建立一個獨立的國家」爲前提的，而是形成多民族的統一國家。以一個國家來統一多種民族，無疑可能造成一種「虛構的共同體」，在行政管理、國民化教育體系、警察和軍隊體系尚未完全成熟的情況下，這個共同體存在許多漏洞。

制度的組織也時常有特殊的問題。在西方，民族國家的組織是隨著工業化而逐步發展起來的。在非西方社會中，現代組織的制度化，是在工業化尚未成熟的情況下就超前進行的，它常常導致正式制度與非正式制度之間的矛盾。急於獲得現代性的非西方社會往往也急於消除國內的非正式制度，如親屬關係（血統制度）、民間交換、習慣法、非正式權力體系、小傳統的信仰—符號體系。在民國革命時期，我們提出了消滅家族、破除迷信、建立現代法制和權力體制的設想，將本文化的傳統視爲現代化的敵人。將傳統文化當成「現代化的敵人」來橫加排斥，造成現代化過程中文化隔閡的產生。

形形色色的文化矛盾、選擇困境，在十九世紀帝國主義時代以來的部落社會中表現得最爲突出。人類學家曾經針對西方文化侵入「原始社會」而展開的文化運動，提出了「千禧年運動」（millennial movements）和「千禧年主義」（millenarianism）這兩個概念。它們來源於西方基督教傳統，原意是「地上的耶穌·基督王國延續一千年」，即基督應他的信徒的祈求回到世間成爲長久的聖王。人類學意義上的千禧年運動，首先在美洲西北部一帶，原來具體指該地區的「鬼舞」（ghost dance），這種以

儀式和信仰為核心的運動是美洲印第安人抵抗殖民侵略和屠殺的具體表現，其具體表演形式為：扮演勇敢鬥士、穿著據說子彈不能穿透的衣服狂舞。印第安土著舉辦「鬼舞」具體目的有所不同，有的是為了讓祖先起死回生，有的是為了驅除流行疾病，有的是為了恢復和重建遭到外來破壞的道德秩序。但從總的情況看，「鬼舞」與西方基督教早期的千禧年觀念十分類似，是以宗教觀念來抵制現世不合理現象，並從而期待美好未來永存的信仰模式。在十九世紀末的美洲西北部，這種運動的紛紛呈現，與當時殖民主義衝擊下土著部落的認同失落感有著密切的關係。

隨著西方霸主地位的上升，殖民地的舊有格局產生的變化，「文化復興運動」此起彼伏。美拉尼西亞地區出現了「船貨運動」（Cargo Cults）。「船貨運動」首先以其預言家獲知部落祖先的資訊為起始點，相信白種人正在為土著民族做出許諾，要在不遠的將來為他們提供整船整船的貨品。如果人們按照社會規範行事，則這些載滿貨品的船便會準時到來，而如果人們反其道而行之，繼續挑起爭端、行為衝動、施展妖術，則這些貨船就不會到來。「船貨運動」的湧現，重新引起了人類學界關注殖民主義引起的土著文化秩序解體問題。

殖民主義和帝國主義衝擊力的大小，以及土著社會規模和文化力量的差異，使千禧年運動在不同地區和不同社會中呈現出不同的特徵。依據這些運動對於本土文化和外來文化的態度，我們可以將它們大致分為極端推崇本土文化秩序的運動和極端推崇西方舶來品兩種極端類型，在兩者之間則存在中間型的文化運動。被人類學家歸類為「千禧年運動」的事件，可能以企求救世主的來臨為主要內容，可能以文化的結合為手段來

為殖民統治帶來的歷史間斷做做修補，可能強調本土文化秩序的重建，可能推崇西方物質文化的價值，這些類型的運動，就是「彌賽亞式」（messianic）的運動、涵化（acculturation）運動、本土主義（nativistic）運動和船貨式運動[1]。在非西方傳統社會基礎上建立的民族國家，它的意識形態也必然有「彌賽亞式」、涵化式、本土主義式和船貨式之分。這些不同形式的民族主義，不一定完全是古代民族中心主義的現代表現，它們更多的是在文化接觸過程中，民族中心主義遭到挫折時出現的反應。我們都不能忽視這些運動與現代世界格局的變動之間的密切關係。非西方社會廣泛存在的千禧年運動，從不同的角度反映了非西方文化被近代以來上升為世界支配力量的西方文化排擠到邊緣地位的歷史過程，反映了不同的非西方文化為了加強維繫自身的傳統、重建自身的秩序，而展開的「文化自覺」運動。

6.3 「大同人類學」？

怎樣看待這個世界在過去二、三百年中發生的變化？將注意力集中放在「封閉的小型社會」的人類學家，怎樣應對這樣一個「天下大同」的時代？這是荷蘭人類學家費邊（Johannes Fabian）在他的《時間和他文化》中，對現代人類學提出的問題[2]。費邊的這本書從哲學的角度，對人類學敘述的時間結構變化進行了深入的剖析，考察了西方社會中從「異教徒」循環時間觀念，經由猶太教—基督教的線性時間觀念，再到中產階級的世俗社會文化進化階段論的時間觀念的歷史變遷。它論述的最

後一種時間概念，是人類學爲了對抗進化論，爲了捕捉非西方文化的「此時此地情景」而形成的「無時間性」。在早期人類學思潮中，空間的距離被視爲隨著時間的拉遠而擴大。在現代人類學中，民族誌描寫的依然是遠離自己家園的被研究者，而人類學者也一如既往地把後者放置在他們自身的現時歷史時刻之外，使在西方思想中的「原始」依然繼續保持它的「時間概念性質」，成爲一個範疇，而不是一個思考的對象。

爲了改變現代人類學的「無時間弱點」，三十年來人類學界內部也提出了一些革新的方案。在《作爲文化批評的人類學》中，馬爾庫思（George Marcus）和費徹爾（Michael Fischer）這兩位新一代人類學家介紹了人類學研究的新策略，強調人類學研究要融入現代性的文化批評中以獲得新的生機[3]。二十年來，「全球化」概念的提出，進一步給人類學帶來了新的挑戰，使追求變化的人類學家轉向了世界政治經濟學的研究和傳播媒介的研究。電腦和生物科技的發展，也促使一些應時而動的人類學家轉向研究虛擬社區和生物科技的社會影響。

然而，世界出現的這一系列的變化，到底是不是已經——或正在——催生一個「世界文化」？哈佛大學政治學家亨廷頓撰寫的有關「文明衝突」的論著，從一個非人類學的角度確認，文化並沒有因世界的變化而消失。芝加哥大學著名人類學家薩林斯也關注到變遷過程中文化差異的保留和發揚現象。在薩林斯看來，全球化的同質化與地方差異化是同步展開的。這是一種由不同的地方性生活方式組成的世界文化體系。更早一些，關於現代性面臨的本土化問題，在新興民族國家興起的時期就受到人類學家的關注，結論也說明「原來的文化沒有消失」。例如，格爾茲的《文化的解釋》一書中有一篇長篇論文，比較了

印尼的中心與圓弧式地方主義和雙重領導、馬來西亞的單一黨派跨種族聯盟、緬甸的掩蓋在憲法條文主義裏的侵犯性同化、印度用地區政府機器在多方面抗擊各種為人所知的狹隘性的超民族中央黨、黎巴嫩的宗派抨擊和互相吹捧、摩洛哥陽奉陰違的獨裁統治、尼日漫無目標的制衡式小衝突。基於對不同的新興民族國家的比較研究，格爾茲對民族國家的「整合式革命」（integrative revolution）的實效提出了質疑[4]。

人類學家要面對一個變化的世界，要面對這個變化的世界給學科帶來的機遇和問題，這是學界公認的。但在處理變遷問題時，人類學家不一定一味地強調變遷，他們像中國古代的儒家和道家那樣分成兩種觀點，一種像儒家那樣，比較入世地追求「大道之行也，天下大同」，另一種則像道家那樣，避世地反思「天下神器」之「不可為」。如果將二十世紀比做世界範圍的戰國時代，那麼，儒道在春秋戰國時期的爭論，今天還是有值得參考的地方。「和而不同」是儒家實現「天下大同」理想的手段，而從「天下神器」到「絕聖棄智」，消除道德和知識的等級，是道家理想的國度，前者注重社會重建，後者注重知識的反思。在人類學中，實際也已經依據這個差異分為「重建派」和「反思派」。

「重建派」的人類學觀點，不主張「文明衝突論」，甚至對這種論調深惡痛絕，他們關懷的是在一個文化接觸日益頻繁的時代，如何保留文化的多樣性，同時不阻礙文化生存的基本需求。這派的人類學家以研究文化為己任，但不排斥現代文化的研究，甚至直接關注現代性的各個層次和表象，對現代文化逐步排斥不同的非西方文化的過程有深入的歷史理解，對現代性本身持批評的態度。持「重建」觀點的人類學家，深受社會公

平理論的影響,將社會公平理論推及到一個世界範圍,認為這種理論可以用來妥善處理民族與民族、國家與國家、群體與群體、階層與階層、個人與個人之間的關係,也可以用來衡量特定政治經濟過程的合理性和不合理性。

「反思派」的人類學家,有的加盟於「重建派」,但真正的「反思者」對於「重建派」的入世式思考採取謹慎態度。他們是真正關切人的生活整體意義的人類學家,與我們生活的這個「變」的世界,似乎有些格格不入,在一個「天下大同」的時代依然將注意力集中在「原始部落」。但是與其說他們在研究那些「世外桃源」時,像鴕鳥那樣將頭藏在沙子裏,不敢正視現實,而毋寧說,相比起其他的社會科學同行,這些人類學家更關注那些與先令歐洲、後令世界著迷的現代思想和價值不同的文化類型。在這一派裏,結構人類學是典型代表。在這個「變」的世界中,很多人對一七八九年法國大革命構成的歷史突破仰慕依舊。可是,正是這個為法國帶來高度榮譽的事件,受到了法國人類學大師李維-史特勞斯的反思。李維-史特勞斯認為,大革命在人們的頭腦中灌輸一種將社會當成抽象思維範疇的思想,將「風俗和習慣放在理性的石磨下去磨」,如果這樣下去,「就會將建立在悠久傳統之上的生活方式磨成粉末,將每個人淪為可以互換,而且不知其名的微粒狀態」[5]。

並非所有的人類學家都像李維-史特勞斯那麼懷舊。不過,大凡是研究人類學的人,都培養了一種尊重傳統的習慣。他們相信,一個人死了,他的親屬能感到他的精神依然活著,對於那些死去的先烈,我們的社會會為之樹碑立傳,甚至尊之為神;同樣的道理,建立在悠久傳統之上的文化,雖可能逐步在我們這個世界中被排擠出歷史的舞臺,失去他們的生命力,

但它們的精神將繼續被尊重，成為人類共用的文化遺產。那麼，這種被尊重的精神是什麼？它有什麼意義？這派的人類學家認為，正是它的「不變」。我們這個時代特別崇尚「變」這個概念，幾乎將它當成生活和國家的宗旨。我們用「變了沒變」來區別好壞。在人類歷史的大部分時間裏，在人類學家關注的那些文化裏，「變」卻是要不得的，重要的是怎樣保留「祖宗之法」。人類學家稱這種文化為「冷性」文化，它的「冷酷的穩定性」，正好與我們這個時代「熱鬧的變動性」形成強烈的反差。人類學家研究這些社會，就是為了給我們這個「過熱」的時代尋找「退熱」的藥方。

　　無論是「重建派」還是「反思派」，無論人類學家之間有什麼樣的爭論，他們關心的問題依然是文化，他們關注的依然是：在一個「天下大同」的時代，人的眾多創造如何能夠「和而不同」地並存，依舊服務於我們的生活，令我們更真實地去理解我們自己和其他人之間的不同與共通之處，從古來的神話到當世的現實，永恒地鑄造著我們人的「天下」？人類學家的這個關懷，依然可以用時間的不同表達來理解。在我們這個新的「天下秩序」裏，西曆的紀年已經被整個世界的各民族遵從，即使有的民族還在運用陰曆、伊斯蘭教曆、「迷信的老黃曆」，即使很多百姓還在「日出而作，日入而息」，西曆也要被當成「公曆」來參照。新的時間帶有的切分傳統的暴力，使一些人不能習慣新的社會節奏。人類學家關注的那種種變遷的文化反應，要恢復的就是古老的時間觀念。所有這一切能讓關注現代化的人們感到世界上存在「自由主義」和「保守主義」之爭，好像接受新的時間觀念的人，可以被承認為新世界的新人類，而反之則屬於「守舊派」。可是人類學家還要告訴，新人類

實踐的新時間,也是一種社會整體現象。我們被制度要求去準時上班、準時上課等等,都是在順從一種現代的時間節律,這個節律將時間區分為不同的空間,將我們的人身和思想節奏,交給了整個國家和全球化的「公曆」來安排,「公曆」也是人創造的曆法,是在基督教紀年法的基礎上延伸出來的——新人類的活動沒有脫離文化中的曆法的調節。

註 釋

[1]詳見史宗主編，《二十世紀西方宗教人類學文選》，上海三聯書店，1995年版，第895-960頁。

[2]Johannes Fabian, 1983, *Time and the Other*. New York: Columbia University Press.

[3]薩林斯，《作為文化批評的人類學》，中文版，王銘銘、藍達居譯，三聯書店，1997年版。

[4]格爾茲，《文化的解釋》，中文版，納日碧力戈等譯，上海人民出版社，1999年版，第291-376頁。

[5]李維－史特勞斯，《今昔縱橫談》，中文版，袁文強譯，北京大學，1997年版，第150頁。

7. 看別人，看自己

　　正是在限定脈絡中透過長期的、主要是
（儘管不是沒有例外地）定性的、高度參與性
的、幾近癡迷的爬梯式田野研究得到的那種材
料，可以給那些困擾當代社會科學的宏大概念
——合法性、現代化、整合、衝突、個人魅力、
結構……意義——提供那種合理的現實性和具體
性的思考，而且更爲重要的是，能夠用它們來
進行創造性和想像性的思考。

　　　　　　　　　　　　　——克里福德・格爾茲

克里福德·格爾茲（Clifford Geertz, 1926- ），美國解釋人類學創始人，主張將社會當成意義體系來研究，其《文化的解釋》為二十世紀晚期以來的人類學開創了一條新的道路，他的研究視野廣泛，包括人類學、哲學、文化、藝術，是當代人類學在哲學和社會科學中的主要代言人。

說這個小小的寰球越變越小，可能會冒犯那些生怕他們掌握的世界被人小看的人，也可能讓那些不能忘記「人心隔肚皮」這句話的人覺得不符合真相。可是有一個事實不能否認：在古老的時代，我們的祖宗要跨越山岡、沙漠、海峽到另一個地方去的時候，確實需要花很多時間，甚至幾代人的不斷旅行，而今，乘坐班機我們能在一天之內抵達一個遙遠的地方。在我們這個時代，隨著交通工具的高度發達，人與人之間、種族與種族之間、文化與文化之間的交流容易多了。我們怎樣借助時代給予的便利，來「離我遠去」，到一個他人的世界觀察自己？在我們這個容易旅行的時代，我們還能不能看待「我們」與「他們」之間的差異？我們還能不能在差異中探索人共同生存的理由？我們怎樣對這個變化的世界做出人類學的反映？我們不妨來看看一項個人的初步探索，來說說這些問題的奧秘。

7.1 祖先問題的西行

我曾多次短暫地在法國停留，其中二○○一年的夏天，我在那裏待了四十天。在巴黎那個偌大的世界都市，有著那些據說曾經被某些不知名的華人認為「天堂」的古老宮殿、那些著名的大學、那些聞名遐邇的時裝店、那些美味佳肴和葡萄酒，我經常待在咖啡廳裏「望洋興歎」。怎樣從人類學的角度研究這樣一個「地方」？大部分人類學家都和我一樣，不知該從何處下手，所以法國人類學家這些年裏流行一種叫做「無地方」的人類學。在法國的那些日子裏，我選了一個合適的時機，避開巴黎，去阿爾卑斯高地的畢西仰松市（Briançon）的一個村莊

進行了短期的訪問。是短期的訪問，就不能說是「定性的、高度參與性的、幾近癡迷的爬梯式田野研究」。但在從事了這些年的鄉土調查之後，到法國東南地區農村做一做所謂的「田野工作」，或許能有點意思，或許能用有限的時間來試著對「那些困擾當代社會科學的宏大概念——合法性、現代化、整合、衝突、個人魅力、結構……意義——……進行創造性和想像性的思考」[1]。

這個村子叫做 "Puy Saint André"， "Puy" 這個詞是很地方性的概念，巴黎的友人解釋不清，當地的一般人也不怎麼瞭解，只有牧師知道它的原意，從他那裏我得知 "Puy" 指的是小山，而 "Saint André"，顯然指的是名叫「聖安德烈」的一位天主教聖徒，因而 "Puy Saint André" 中文翻譯起來應該可以叫做「聖安德烈山」。據說，畢西仰松這個城鎮管轄著幾十個村社，而其中四個都帶 "Puy" 這個字。這些村莊的歷史很久遠，十世紀時的地方文獻和傳說已經提到它們。與中國的一些老村莊一樣，聖安德烈山經歷了時間的考驗，直到今天還是一個完整的活村社。

來到聖安德烈山有偶然的因素，但計畫卻有著它的必然性。我在聖安德烈山要做的是基於一種「他者」為中心的人類學，對我生長的中國來說，這又是「西行」的人類學。為了初步探討「他者」對於中國的理解、中國對「他者」的理解有什麼意義，我想從「祖先社會」和「無祖先社會」之間的界限進行一次簡短的跨越。這樣的試驗有點像早期人類學的「推己及人」，而更像是一種「文化翻譯」的探求，它難免會遭到質疑。為什麼選擇「無祖先」這個題目？一位義大利的人類學同行對我說，他自己也有祖先，與中國人一樣。另一個在場的法國人

類學者也附和說，那是眞的，她自己也覺得有祖先。對於這兩位友人的觀點，我不反對。世上的人，哪有沒有祖先的？其實我們作爲人類，說自己是唯一具有歷史記憶能力的動物，不就是因爲我們知道祖先是誰嗎？我必須說明的是，我原來的意思並不眞是說，歐洲人沒有祖先；而是說，既然在我們的印象中，紀念祖先的禮儀，是中國文化相對於西方文化的特徵，那麼是不是也可以從這個概念出發，展開人類學的探索，爲跨文化認識提供一種相互比較、相互銜接的角度？

我們知道，中國人長期以來將祖先意識當成是人與動物之間差異的主要方面。於是也有人認爲，正是這種祖先的信仰，使我們的文化得以區分於西方文化。矛盾的是，近代以來，不斷有政治家和思想家在思考「祖先崇拜」問題，其中有些人明確地將這種古老的信仰當成是阻礙我們社會現代化的因素。無論是主張儒教的家族統治，還是主張反傳統的現代主義，以祖先崇拜爲線索的「家族主義」，已經被認定是我們的民間傳統的核心組成部分。這個說法當然有很多根據。例如，中國的東南地區，自十四世紀以來即存在「聚族收衆」的村莊聚落。這種聚落社會組織的核心機制，就是共同祭祀祖先。近年來，公路、城市和新的生產設施的建設，衝擊了這個地區的祠堂。民間在談論祠堂和建設之間的矛盾時，提出很多值得我們關注的說法，而其中之一，就是認爲「祖先是人類之所以區別於動物」的觀點。

祖先崇拜歷史久遠，它的普及則與宋代新儒學的提出有關。來自中國的著名人類學家許烺光將以祖先崇拜爲主線的家族組織（clan），看成是與西方的「俱樂部」（club）及印度的「種姓」（caste）區別開來的文化特徵[2]。許烺光的文化比較，不

是孤立的。從十九世紀以來，在中西文化比較研究中，就存在這種觀點；推得更早一點，在十七世紀到一九四七年之間的三百年中，存在著一場「中國禮儀之爭」，對於西方的羅馬教廷來說，它的核心問題之一就是：祭祀祖先的中國人，能否皈依不祭祀祖先而只祭祀天主的西方宗教？在傳統團體內部，由於意見分歧而產生的紛繁複雜的現象，使我們知道，關於祖先崇拜一事，西方的觀點實在不是單元的。不過最有意思的卻不是這個事實，而是另外一個事實，即爭論雙方儘管持不同的態度，卻共同認定祖先崇拜和缺乏祖先崇拜是中國和西方的根本差別之一。

歷史上試圖說明祖先崇拜與天主教「和而不同」、「天下混一」的人士不乏有之。例如十八世紀的一位中國天主教徒曾說：「人無有不受性於天者，亦無有不受形於父……神主二字，固不可認真，而先人之名號爵位，與生卒於何年，墓域在何所，亦不可闕略。」[3]然而，在「中國禮儀之爭」中形成的祖先相對於天主的比較觀點，對後世影響很大。儘管這場爭論已經為學者所忘記，但它代表的那種觀點，在十九世紀末、二十世紀初民族主義的政治思想中得到了延伸。當時，不同學派的政治思想家相互同意一種觀點，這就是：傳統中國有「家族」（family groups），而無「國族」（nation）。在他們看來，「家族主義」的根源在於不同家庭自立的「祖先崇拜」，「國族」觀念則產生於超越地方性、私人性家族的集體意識。為了建立現代「國族」，家族和它的祖先意識，必須被替換為「國族」和「國家意識」。

這樣的論調雖顯老舊，但在人類學研究中還是時隱時現。在中外人類學中，「祖先」用來代指被人們紀念先人，而這些

先人又與「祖先信仰」（ancestor cult）、「祖先崇拜」（ancestor worship）相關的宗教實踐構成密切關係。倘若用「祖先」這個概念來勾勒一幅民族誌的世界地圖，那麼我們就能看到，「祖先」這個概念在歐洲這塊大地上完全是不存在的，而在非洲、東亞、印第安人時代的美洲、太平洋島嶼等地，民族誌的印記卻隨處可見。用許烺光的話來說，這些非西方、非歐洲的人們，是在「祖先的陰影下」生活的；而出了這些地方──如到了西方，社會生活的面貌則完全不同。在西方漢學人類學中，「祖先崇拜」的研究，也得到了廣泛的關注。有人認為，作為祖先崇拜核心場所的祠堂，與中國村社的共有財產密切聯繫起來，構成中國基層社會經濟結構的基礎。關於中國民間宗教與儀式的研究，從另外一個角度考察了祖先崇拜，認為祖先與中國人的「神」、「鬼」信仰共同構成了村社共同體的界限，祖先從內部界定村社，神鬼從外部界定同一社會空間整體。漢學人類學家並沒有說明這種社會─經濟及宗教─文化共同體是否是中國的獨特現象。但他們的論述給人一個印象，好像以祖先崇拜為內核的村社，完全缺乏現代社會的整合機制。那麼，在一個不像我們那樣崇拜祖先的地方，社會生活如何成為可能，如何可以被我們這些崇拜祖先的人所理解？

7.2 聖安德烈山

從巴黎到畢西仰松，可以在奧斯特里茲（Austerlitz）車站搭乘過夜的火車，夜間十點五分出發，第二天清晨八點四十五分即可抵達該地。古老的畢西仰松，與其他地區一樣經歷了新

石器時代到羅馬帝國的征服，也曾是法國東南地區的「海豚王子」（Dauphin）居所。老城離義大利邊境僅十三公里，位於一座不高的山上，從外觀看去，像一座堅固的城堡。在老城的內部，古老的街道卻已成為遊客的遊覽範圍。舊有的神聖性，被世俗的娛樂形式所取代。許多臨街的老房屋，也打開了他們的大門，設置了密密麻麻的旅遊紀念品商店和展示當地古代文化的展覽館。老城的山下，就是後來興建的城鎮商業中心，它的外觀遠比老城難看，不過商業街的各種商店、飯店和飲料點，卻為來往的過客提供了便利的服務。

從畢西仰松南口出去，驅車上山，經過彎曲的山路，爬上山麓，即可到達聖安德烈山。聖安德烈山聽起來遙遠，卻只離這個古老的城市五公里。這個位於畢西仰松西南山坡之上的村莊，它的房屋依山坡的形式而築，從上面往下看，一條美麗的河谷出現在我們的眼前。與聖安德烈山接鄰的，還有其他三個小山村叫做某某 "Puy"，東北有 "Puy-Sait-Pierre" 和 "Puy-Richard"，西南有 "Puy Chalvin"。在聖安德烈山的東南，還有兩個別的村莊，一個叫 "Pierre-Feu"，另一個叫 "Clos du Vas"。雖然這些村子距離很近，但它們之間由小山麓所隔離，之間的界限十分明顯。

對於這四個 "Puy"（山村），十四世紀初期開始有了文獻記載，那時地方政府開始設立了村社行政制度，在此地劃分地權，徵收農稅。據畢西仰松市一位大神甫說，在此之前，聖安德烈山一帶被城裏人誤認為是魔鬼之地。從十世紀到十三世紀，這個山脈的上沿，夜間市場有「鬼影」出沒。其實，這些「鬼影」中有一些就是聖安德烈山的居民。他們在那個古老的年代，既從事畜牧，又在義大利與法國邊界的走私貿易中充當某

種角色。到十四世紀初期，畢西仰松開始實行嚴格的地方管理制度，設立了城市、區鎮（escarton）和村社（commune）三級管理制度。這些地方行政區劃具有軍事、自衛、政治、經濟和宗教空間控制的綜合功能。從那時起，作為村社的聖安德烈山即已被規劃於地方行政的區域範圍之內。大約也是在十四世紀，四個山村之間對於山地占有權的競爭，逐步為政府所平息。在這一過程中，聖安德烈山獲得了比較固定的畜牧和農耕土地，此後一直延續至今。

今天的聖安德烈山，村落空間的中心是一個不小的廣場。廣場的北部有一座叫做"Gìte"的小旅館，主人是一個當地的旅行家，身在世界各地探險，將這家旅館交由一個來自比利時的友人管理。這個比利時人的女友是一個管理餐飲業的專才，既美麗又能幹，將"Gìte"整理得乾乾淨淨，並且時常招徠比利時同鄉。聖安德烈山的"Gìte"近年也有很多兒童活動。村子裏的人家，在假期經常迎接在外上學的兒童前來渡假，而臨近地區的學校，也時常組織學生前來這個古老的山村感受一般人民生活。"Gìte"往東，有一所傳統的大屋子，居住著一位老年婦女，據說是這個村子中僅存的老礦工，她的房子經過擴建，房前栽種了不少花木，使老屋子顯得特別漂亮。房子再往東，有一個山泉的彙集處，當地叫做"Fountain"，也就是「泉水」。在「泉水」東邊數十米處，就是本村的教堂。

從聚落的分布看，聖安德烈山大體上分成三片。"Gìte"南邊的斜坡和東西兩邊，居住著這個村莊的老居民。往北沿著村莊的小路，東邊分布著一片在一九五〇年之後的二、三十年間建設起來的住宅；西邊則有一片完全新建的別墅區，是這幾年才興建起來的。老區的居民，自認為是這個地方的主人；而兩

145

個新區的居民，大多從大城市移居而來，其中有人擁有兩個地方的公民權，在這裏的房子，無非是他們的渡假別墅和「退休之家」。據說，當地的人家已經住在這個村子好幾個世紀了，而新來的人家則是在一九五〇年之後逐步搬遷進來的。那個時候，總統戴高樂將軍為了建立工人假期制度，將畢西仰松地區建成了工人和公務員渡假場所。有些外來的移民，是從那個時候開始認識並愛上聖安德烈山這個地方的。

在相當長的歷史時間裏，聖安德烈山是一個畜牧業山村，人們從事畜牧和奶酪的生產。一九五〇年以來，作為生計的畜牧業逐步衰落，而當地人口從一九五四年到一九七五年因大量向外遷移而銳減。據當地政府的統計，在一八五〇年，聖安德烈山曾有四百二十四個居民，而一九五〇年則減到一百七十五人。不過一九七八年以來，由於外來人口和還鄉人口增加，這裏的居民人數已逐步回升到一九五〇年以前的水平。現在全村的常住人口也不過三百人，在這近三百人當中，只有兩戶是從事傳統畜牧業的，其他有的在鎮裏上班，有的是退休人員，有的在外地從商。

與中國正在受都市侵襲的村莊一樣，聖安德烈山現有居民的社會經濟關係是不平等的。根據村社委員的介紹，聖安德烈山現有的居民可以分成四等人。其中，第一等是來自外地的公務員、商人、教師，他們是有穩定收入的；第二等是退休的公務員和教師，收入也比較穩定；第三等是在畢西仰松打工的村民，收入雖不十分穩定，但也有一定的保障；最後一等是當地沒有職業的農民，他們非常貧窮，對這個時代也不理解，對外來的居民有怨恨之感，認為是這些人搶了他們的飯碗。可是，外來的居民對當地的貧窮居民，也同樣有著偏見。他們中有人

說，聖安德烈人習慣於懶散的生活方式，不求上進，在他們自己的生計喪失了生存條件之後，就變得別無他求，好像完全是這個世界對不起他們一樣，對自身的責任不加追究，對外來居民的財富有嫉妒之心。外來人與當地人之間的矛盾，進一步表現在對土地的占有權上。顯然，外來居民比當地人有錢，這樣他們就能夠購買當地人原來擁有的土地。可是爲了保護自己的祖先傳下來的土地，有的當地人即使身無分文，也不願讓外地人來買走自己的土地。

外來人與當地人之間的隔閡，也鮮明地表現在姓氏問題上。我很驚訝地發現，在現代社會如此強大的西歐，在法國農村，聖安德烈山在傳統上竟然是一個人類學家用來形容某些中國農村地區的「單姓村」（single surname village）。一九五〇年以前，聖安德烈山的所有家戶，都以「胡塞」（Roussett）爲姓。他們與臨近村莊的「外姓」形成比較固定的通婚關係。一年當中，村子舉行數次舞會，讓年輕男子邀約外村的少女前來參加，在舞會上形成戀愛關係，之後結婚生子的例子頗多。據一位老年村民說，他年輕時，女友來自隔山的村莊。他有時翻越山嶺前去與她約會，而她有時也翻越山嶺來到聖安德烈山參加舞會。他們後來沒有結婚，因爲他離開家鄉去巴基斯坦開卡車，但他的很多朋友與附近的婦女結婚。與當地人不同，外來人來自不同的地方，他們之間在傳統上沒有固定的關係，他們的聚落因而是「雜姓」。例如，我的房東太太的丈夫，是一個波蘭人，他的父親曾移居美國，後來與兒子遷到法國長住。兒子後來成爲地理學家，結識了我的房東太太，因偶然的機會，來到聖安德烈山，愛上了這裏的環境，決定買一所房子，安渡晚年。房東太太姓丈夫的姓，顯然是個波蘭猶太人姓氏，她與隔

壁另一法國家庭，姓氏完全不同，卻有深厚的友情。

　　與法國的農村的千千萬萬個村莊一樣，聖安德烈山管理公共事務的機構是民選的，法律規定擁有第二居民權的移民與當地人一樣，有選舉地方長官的權利。從制度上講，外來人和當地人在法律面前人人平等。但事實卻遠比法律文件上說的複雜。這裏的「村長」叫做 "Mayor"，意思和「鎮長」差不多，中國人聽起來有點像升了一級似的，不過當地人聽起來很正常。「村長」領導下的村民代表會，也是民選的。有意思的是，聖安德烈山不曾有外姓的村長，現任的村長是個姓「胡塞」的，村民代表會的五個委員，只有一個是外姓，其他全部姓「胡塞」，特別像中國農村的情況。那個「外姓」的村民代表曾經跟我說，「他們」（胡塞家族）很團結，對外來居民很不客氣，總是想保護自身的利益，與一個現代民主社會的精神大相逕庭，令人遺憾。這個說法當然與這個「外姓」村民代表的權力鬥爭有密切關係，但卻也比較貼切地反映了村莊地方的政治面貌。

　　一如中國宗族村社，同姓的「胡塞」支配的村社，對於村社公有土地有著相當大的支配權。聖安德烈山共有一千五百三十七公頃土地。其中森林二百二十四公頃，坡地一千一百一十八公頃，可耕土地一百五十四公頃，都市化地產四十一公頃。這裏頭，50％以上的土地占有權歸村社公共所有。其中歷史上村留下來的公有土地是一部分，一九五〇年以來向外遷移的村民留下的土地是一部分。村社政府完全擁有售出或租讓這些土地的權力，這使它的權力大大超過我們的想像。於是有不少人樂於競爭村長的職務，在村民代表會選舉中花大力氣收買人心。

7.3 山泉、牧場、民居、麵包窯

「一方水土，一方人。」這是中國人用來形容地方與人之間關係的俗語。喜歡歸納的人必然將這句話說成是一種民間的地理決定論。其實它所隱含的道理，遠遠比地理決定論要複雜。它的意思是說，不同地方的人，都有不同地方的特性，而這種特性與他們所處的地方本身關係十分密切。可是，「地方」是什麼？在這句俗語當中沒有答案。人類學家們花了整整一個世紀在研究「地方」，但直到最近才有人提出，這樣一種「地方的感受」，曾經被誤認為是諸如文化對於「空間」的界定，誤認為「空間」先於地方存在，實際上卻是人類生活的一種普遍經驗。

過去一個世紀的中國思想，也給人灌輸著近來才被反思的「空間決定論」。不僅如此，有些理論家還時常將我們自己的「地方感」與我們那種「一盤散沙」式的「地方主義」相提並論，認為我們的共同體意識過於「家庭化」、「群體化」，從而缺乏超越地方的「國族主義」。更有甚者，在一些中西文化比較學者那裏，西式的國族「團體意識」與中國人的「家庭—地方觀念」之間的差異，時常被推及到西方宗教與中國「禮儀」之間的差異。例如，著名中西文化比較研究家梁漱溟先生曾在其《中國文化要義》一書中引到同行張蔭麟的一段話，來解釋他對中西文化之別的看法。張蔭麟的原話如下：

> 基督教一千數百年的訓練，使得犧牲家庭小群而盡忠超越家族的大眾之要求，成了西方一般人日常生活呼吸的

道德空氣。後來（近代）基督教勢力雖為別的超越家族的
大眾（指民族國家）所取而代；但那種盡忠於超越家族的
大眾道德空氣，則固前後如一。[4]

　　梁漱溟的《中國文化要義》關注的問題，是基督教的超越
與中國家族主義的不超越之間的比較，而梁漱溟本人花了更多
的筆墨，去論證中國不存在宗教因而不存在超越家庭性這一論
點。比這部書出版早一點，這位文化比較的大師，已經花費了
很多心血去村社中推動「鄉村建設運動」，試圖將農民從他們的
家族─村社中解放出來，使他們變成超越家庭─村社而「無地
方感」的公民。從近代中國民族國家建設的歷史來看，梁漱溟
的中西文化比較表面上宣揚「基督教的超越性」，事實上與來源
於他那種「具有中國特色的」民族主義思想，而這種思想在整
個二十世紀被知識分子和政治家廣泛接受。

　　在過去的中國農村調查中，我也十分關注梁先生所說的文
化差異，集中考察「民族國家」與「社區」（共同體）之間在歷
史上的互動。我也能同意，相對於西方基督教傳統而言，中國
的宇宙觀的確相對缺乏家族和地方的超越性。然而，這次在法
國聖安德烈山，我卻不無驚訝地看到，像我們這樣的「家族感」
和「地方感」，在這個西方宗教根深柢固的村社中也廣泛存在，
而且這種存在似乎與宗教的大傳統不僅沒有矛盾，反而結合得
十分緊密。

　　在畢西仰松地區，村社地方感表達的公共象徵之一，是每
村必備的山泉彙集處，我上面說到，這在當地被簡潔成為「泉
水」。在聖安德烈山，這個山泉彙集的人造小池，位於接近村莊
中心的地帶，與村社教堂、旅館形成一條三點一線的地平線。

我到聖安德烈山的頭一天，房東太太在院子裏給我講起了一個讓她感動的故事。三十年前，她剛搬進這個小村莊，沒有左鄰右舍，房子四周只有荒地。離她的房子不遠，住著一位上了年紀的老太太。那時，遷居到別的地方去的村民很多，村莊裏氣氛十分冷清，因而這位老太太見到有外來人到這裏居住，十分喜悅。老太太一生做了一些默默無聞的事情。其中一件讓村民們感恩戴德的事情，是她一人靜悄悄地把古時候留下來的山泉引水溝進行了重新修整，使一段時間裏泉水不再的村子，重新有了生命力。房東太太說，這位老太太是幾年前才去世的，去世以前，一直熱愛她的故土，不願離開她的村莊。她的遺體也安葬在村社教堂的後院。陪伴她的一位親戚，後來移居畢西仰松的養老院，她因不習慣城市生活，不久也隨之去世。

房東太太在談到村社的泉水時，總是把它的意義與這位已故的老婦人相聯繫。其實在畢西仰松以至整個阿爾卑斯高地，人們觀念中的泉水又與「源泉」（source）這個概念互用。在這個地區的宗教傳統中，流行一句口號 "L'eau, la source...la vie"，它的意思是說：「泉水就是生命」。在教堂分發的傳教品中，這句口號被廣泛引用，它的特定宗教涵義，當然是天主教的「精神源泉」（天主）的延伸。不過在這個生活離不開山泉的山區，「源泉」這個概念給人們的地方性感受，也是十分強烈的。在一定意義上，泉水不僅象徵著村民對它們的村社集體生命的認同，而且也象徵著他們的地方感受與宗教感受的複雜混合。作為當地公共符號的組成部分，山泉和它的蓄水處，依然是人們感受他們的生活環境的媒介。

在聖安德烈山，與村莊一樣古老的牧場，也具有這樣的意義。這個包含豐厚的牧草的牧場，自古以來必須經過相當長途

的跋涉，才能抵達。它的地名是 "Les Combes"，位於海拔一千八百五十三公尺的高山上。據說為了保留村民對於這個優良的牧場的占有權，幾百年前聖安德烈山的村民曾與接壤的一個村莊展開長期的械鬥，就像中國東南地區農村以往的械鬥一樣，兩村為了爭奪一片「風水寶地」打得死去活來。後來聖安德烈山的村民利用他們與「海豚王子」之間的裙帶關係，在法庭的所有權判決時奪取優勢，成為牧場的集體擁有者。

現在除了個別家庭以外，聖安德烈山的村民再也不從事畜牧業了。但是當地的居民對這個牧場都懷有深厚的感情。有不少人在牧場上保留古老的房屋，有時上山渡假，住在牧場屋子裏重新溫習牧民的舊日情懷。這些屋子既低又矮，我去參觀時都覺得難以進得了那麼低矮的門。在以前，村民只在夏天時才來牧場放牧，那些小屋子無非是他們暫時的住處，因而也就不那麼講究，簡單施工後就建築起來了，屋子之所以那麼低矮，是因為可以節省建築材料，同時也是因為幾百年前，聖安德烈山的牧民個子都比現在矮小得多。可是，這些低矮的小屋，在懷舊思潮盛行的今天，卻已經被外來的居民當成古董來保護，它們的低矮成為它們的美麗。不管是外來的居民，還是姓「胡塞」的家族，對於這些房子都心懷珍惜之情，因為他們似乎為聖安德烈山這個地方提供了另外一個獨特的文化特徵。

除了山泉和牧場之外，聖安德烈山的另外一個知名的文化遺產，是當地的民居。在我看來，這種民居與我熟悉的福建農村扶貧地區的那些老房子很相近——二者都是人畜同住。典型的老房子是兩層樓，下層分成兩間，一間是牲口的住處，空間很大，也裝人吃的糧食，旁邊有一間小一點的，廚房、餐廳合一，有時供人睡覺。樓上過去一般供人居住，同時儲藏草木燃

料。有的老房子有三層樓，但比較個別。顯然，這種老房子在
阿爾卑斯高地分布比較廣泛。現在很多老居民還住在這種房子
裏，他們將牲畜的住所改裝為儲藏間、停車庫等，有的將房子
維修得很好，有的已經廢棄不用了。在外來人看來，這種舊式
的房子，只能是當地的老農民過去的日子的遺留物。不過村民
們總是要對來訪的過客提到這些房子。我到的第二天，就有人
帶我到一所被遺棄的舊房子參觀。一位老年村民還熱情好客地
解釋個不停，說這種舊房子是聖安德烈山村民特有的民居，過
去幾年有好些建築史專家來考察過，而許多有關法國農村文化
遺產的書籍，也將它們載入史冊了。

　　讓聖安德烈山村民感到驕傲的，還有位於村北山上的麵包
窯。現在這個窯址已經被維修成一個博物館，有一位專職的講
解員在那裏值班。看來來訪的遊客不會太少。村裏的老人都記
得，幾十年前，這個麵包窯在他們的日常生活中很重要。麵包
窯歸全村集體所有，每半年為每個家庭開放一次。在使用麵包
窯燒烤麵包的時候，家庭與家庭之間形成秩序井然的先後順
序。輪到某一家庭時，他們的家長已經將麵粉準備好，送來窯
裏烘烤，烤出來的麵包的數量很大，可供半年之用，它們被存
放在牲畜休息的那間房子裏，與牲畜的糧食放在一起。因為這
個地區氣候乾燥，麵包不容易變質，而在長期的歷史中，不少
老村民形成了喜歡發黴的麵包的習慣，他們不僅不在乎發黴的
麵包，而且還很喜歡。

　　山泉、牧場、民居、麵包窯，這些帶有歷史記憶的地方公
共符號，現在雖然被村民和來客形容成觀光的對象，但它們在
歷史上顯然有著實際用途。其中民居是家庭生活的主要空間，
而山泉、牧場和麵包窯則全部屬於村社集體。三十年以前，自

來水還沒有引進村莊，位於村子中心的山泉彙集處，是村民汲水的唯一場所。據說以前來這裏汲水的村婦，都會在泉水旁邊停留很久，把這個地方當成她們說閒話、聊天的場所，村裏的某某做了什麼超出一般人想像的好事或壞事，都會在這裏被曝光、討論和「判決」。位於山上的牧場，在過去的六、七百年中，一直屬於全村共有。在這長遠的歷史時期裏，它的使用制度必然是變化的。曾經一度，它屬於政府法定的「份地」（condamine），由份地的領主負責分配使用權，並必須向領主繳納一定的地租。但法國南部農村公社制度十分發達，在歷史發展的過程中，村社公有制一直與領主制並存，並與當地家族共同體勾聯起來，形成公私結合的土地關係，延續存在於這個地區。於是牧場可以說既是當地家族共同體的生產方式的表現，也是家族共同體內部家庭與家庭之間關係的表現。對於家庭與家庭之間如何分配牧場的空間單位和時間次序，我們缺乏充分的歷史證據來分析。但是有一點卻是明確的，這就是：這個集體所有的牧場，其地方集體所有制度的合法化，與法國歷史上的領主制度有關。但從實質上，它卻又與地方村社內部的社會結構形成相互印證的關係。麵包窯也是如此，它的興建靠的是集體的力量，它的使用次序也依據集體內部的家庭分類來安排。

倘若法國農村有什麼歷史傳統的話，那麼這個傳統看來與中國農村的許多地區有很多相似的地方。在中國農村社會經濟史的研究中，最著名的命題之一是歷史學家傅衣淩先生的「鄉族地主」理論。這個理論認為，中國——尤其是中國南方地區——長期以來存在對土地的家族共同體集體占有制度，這種制度與所謂「封建社會」的私人地主土地占有制和生產關係之間，

存在很大的不同，它的特點是很難分清什麼是集體的、什麼是私人的[5]。中國南方村社制度的這種特性，延續到明清時期，使當時的資本主義萌芽受到了強大的制約。以土地所有制爲中心的中國農村社會經濟史，與中世紀晚期、近代初期以「圈地」爲特徵的英國地產制度，構成了鮮明的差異，這一差異的核心內容是中國「鄉族勢力」的長期延續。

　　從文化的角度來延伸這個論斷，即能推斷出諸如張蔭麟、梁漱溟等人的中西文化比較觀，推斷出村社共同體意識與民族國家意識的宗教根基的不同與矛盾。然而在西方內部，社會組合的模式顯然也是存在內部差別的。在聖安德烈山，我看到的那些歷史遺跡，表面上無非是讓村民感到驕傲、讓過客感到羨慕的「法國民間文化遺產」，但在它們的深處，卻隱藏著一部值得我們去進一步認識的法國村社史。法國人雖然因信仰天主教，而不舉行家族集體的祖先祭祀儀式，但從聖安德烈山的那些公共符號來看，以家族共同體爲核心的村社制度，在歷史上其實是有著深刻的影響的。在《法國農村史》一書中，著名的法國年鑑派史學家布洛赫（Marc Bloch）考察了古代、中世紀、近代早期法國農村社會的經濟基礎與生產制度。他認爲，在歷史上發生的一些事件，使法國近代化的模式與西歐的其他國家──尤其是英國和德國──區別開來。在中世紀，法國與其他歐洲地區一樣，存在莊園制度。但是法國獨特的莊園制度與農村的村社長期並存。十六世紀以後，歐洲開始農業革命，英國和德國的農業逐步形成了以大地主經營的、圈圍起來的大農場爲主的局面。在法國，情形卻有所不同。這裏除了個別例外，占統治地位的一直是農民的小土地所有制，土地一般由農民個人經營和村社經營。由此，布洛赫在法國得出了一個與傅衣淩在

中國得出的相似的結論：

> 　　土地形狀上的傳統主義，共同耕作方式對新精神的長
> 期抵抗，農業技術進步的緩慢，這一切的原因不都在於小
> 農經濟的頑固性嗎？遠在王家法庭最終批准法律承認自由
> 租地耕作者的權利之前，小農經濟就名正言順地建立在領
> 主的習慣法基礎上，並且從地多人少這一現象中找到了它
> 經濟上存在的理由。[6]

　　布洛赫本人如果在世，他肯定不會反對我去聯想法國農村
的過去與法國「農民心態」的現在。一位從一所大學退休的建
築學教授，幾年前在聖安德烈山買下一塊土地，修建了一所房
子，他現在是村民代表會的唯一外姓委員。在閒聊之間，他說
聖安德烈山的村民很保守，心態落後，對外人很排斥，當有像
他這樣的外人來買地時，村民們總是表現出反感。我私下想，
這位外來村民代表這一番話語，一定與他自己跟其他本村、本
姓的村民代表之間的權力矛盾有關係，因而不一定是公正的評
價。但是這裏的村民給我留下的印象，與我研究過的那些中國
農民給我留下的印象，有很多相近之處，而從布洛赫意義上的
土地生產關係史來看問題，我覺得「小農經濟」、「小農意識」
的說法，或許也有它的道理。

　　我在英國住過幾年，也到過那裏的農村。從印象上看，英
國的農村與法國截然不同，那裏的村子住的家戶稀少，一般一
個家庭占有一大片牧場或耕地，是典型的「農莊」（farm）。而
在法國，聚族而居、土地共有制度和那些濃厚的地方意識，卻
使我們想起中國農村的社會面貌。從地方象徵中的山泉、牧
場、民居、麵包窯來推論歷史上的小農經濟，當然有過度解釋

的嫌疑。當今研究地方意識的人類學者，可能更注重傳統如何被再創造的過程，他們可能認定聖安德烈山的山泉、牧場、民居、麵包窯來推論歷史上的小農經濟，當然有過度解釋的嫌疑。當今研究地方意識的人類學者，可能更注重傳統如何被再創造的過程，他們可能認定聖安德烈山的山泉、牧場、民居、麵包窯是被當地人發明出來建構地方認同的表象。對於旅遊的過客來說，這方面的意義可能不被理解和接受，而對於那些從事於文化解讀工作的人類學家而言，它的人為性實在是一個值得分析的問題。然而在我看來這種人為性雖然有，但是也包含著某種歷史的真實，因為我們從中找出的文化特徵，不能說完全沒有根據，它們其實反映了法國農村歷史的某一值得關注的過程。

7.4 天主與雪山聖母，「社」與「會」

法國歷史上村社過程的研究，除了布洛赫那部視野廣闊的名著以外，近年出版的勒華拉杜里（Emmanuel le Roy Ladurie）的《蒙塔尤：一二九四至一三二四年奧克西坦尼的一個山村》也是一部有傑出貢獻的論著[7]。這部著作的資料來自十四世紀初期法國南部純潔教派宗教裁判所的審案文件，它自身提供了在歸入法國領土的過程中，天主教純潔派所起的作用。故事的情節主線，是宗教裁判與法國南部農村「異端邪說」之間的交鋒，而它呈現的內容，則是這個地區在宗教正統化以前的社會生活，涉及到性、家庭、經濟、社會關係、民俗與社會心態。勒華拉杜里的描述，給人留下的第一印象，是它的資料分析的

細緻入微。而我自己在閱讀這部作品的過程中，深深地意識到，勒華拉杜里的著作，爲我們在西歐的內部挖掘出一部被掩蓋的歷史，這部歷史的核心內容，正好與我們通常被告知的那種「法國文明的大傳統」不同，深刻地反映了法國農民文化的基本特質。在一定意義上，這一文化的基本面貌，與東方的「亞細亞生產方式」或許更爲相似，而與我們印象中的正統基督教理性大相逕庭。

以嚴謹的歷史時間爲準繩，人們可能從勒華拉杜里的敘事當中發現一條歷史演變的線索。從純潔派進入奧克西坦尼的那個山村以前，到它完全占據這個地區，確立宗教和教區的正統地位之後，法國南部的農村，可以說經歷了從「農民信仰文化」到「天主教宗教文化」轉變的過程。從理論上說，這個轉變過程的結局，就是分散的農民「異端邪說」的衰落、正規的天主教堂的興起。然而，奧克西坦尼的敘事，給我們留下的印象，遠遠要比這種直線式的「宗教進步論」複雜。儘管到十四世紀的後期，南部農村已經完全被納入法國版圖，這個區域內部的文化也逐步爲正統教派所掩蓋，但在漫長的中世紀和近代化的過程中，像布洛赫描述的那種獨特的、具有法國農村特質的變遷與延續，一直影響著這個區域。這也就意味著，在正統化的過程中，農民自身的文化並沒有完全被取代；相反，面臨著「頑固的異端邪說」的正統教派，爲了產生影響，必須從中汲取養分，將之納入宗教正統性的範疇之內。也就是說，奧克西坦尼描述的「沾染異端思想的人和純潔派教士」之間的鴻溝，其實是表面的，實際發生的情況是：二者在具有相互敵對特徵的互動過程中相互汲取對方的養分。

在聖安德烈山，地方認同中的歷史，類似於中國「小農」

的「傳統主義」，其成因在於布洛赫所說的「土地形式」長期延續著的共同體集體占有制，同時也說明法國宗教大傳統在「統一國家」方面只是成功了一部分。據畢西仰松的一位主教說，這個地區天主教正統地位的確立，時間大約也在十三到十四世紀。對於此前地方農民信仰的狀況，我們今天缺乏像《蒙塔尤》那樣詳細的歷史記錄。然而有一點是清晰的，即在這個時期以前，農民宗教的信仰，在後來引入的正統教派看來，是「異端邪說」。例如，現在聖安德烈山的村民每個星期二還到山上去祭祀「雪山聖母」（Notre-Dame des Neiges）。今天這個聖母的塑像，與法國其他地區聖母的塑像區別不大。但是她的歷史卻完全是地方性的。主教說，「雪山聖母」在歷史上曾經是一位被聖安德烈山人崇拜的「大湖女神」，她的雕像和神龕位置在今日「雪山聖母」教堂附近。有一天，我上山去參觀這個教堂，發現「雪山聖母」教堂後面，確實有一個大湖，但現在的水所剩無幾。據說這個女神變成「雪山聖母」的時間大約在西元十三世紀，那個時候天主教才逐步在當地確立自己的地位。

現在聖安德烈山姓「胡塞」的村民，每周二總是有人去「雪山聖母」教堂朝聖，這種禮儀與我們在中國稱爲「進香」的禮儀很相似。與中國的「進香」一樣，歐洲的朝聖活動是超地方的。這座「雪山聖母」的教堂因而建設在山上，離村莊很遠。過去人們要花半天時間步行上山，現在爲了發展旅遊業，畢西仰松建設了一條從市中心到山上的纜車（télécabine），只要十五分鐘就可以到達。在一般印象中，歐洲的朝聖儀式是個人自發的、超越個人的行爲。在聖安德烈山，表面上也是這樣。「雪山聖母」的朝聖，與中國進香的儀式有所不同。我們的進香儀式，一般是村社、市鎮集體組織的。在進香儀式中，我們也

強調集體遊行的場面。在聖安德烈山，朝聖的人們雖然有時也依據社會關係而成群結隊地進行，但到山上的教堂以前，沒有舉行任何集體儀式，只是到了山上，才有神甫講經說道。從一個角度看，「雪山聖母」的崇拜，甚至也不能說是地方性的。在畢西仰松整個教區，每年頒發一張列有村社節慶活動的時間表。從上面看，每年七月，聖安德烈山的「雪山聖母」節慶（fête），歡迎各地的人士參加。然而說「雪山聖母」崇拜完全沒有地方色彩，也不符合事實。其實在聖安德烈山，很多村民還把「雪山聖母」當成他們的「地方神」來對待。姓「胡塞」的村民對聖母十分尊崇，而在同村居住的外姓，則很少有人願意參加星期二的朝聖活動。

同樣的現象，在村民對待天主教堂的態度上，也得到深刻的表現。我到聖安德烈山時，村教堂正在進行維修，因而我沒有機會參觀這裏的宗教活動。但是據帶我去教堂一走的當地人說，平時參加教堂禮拜的村民只占全村人口的百分之十左右。從外地遷移來的居民及在本地擁有第二公民權的村民，向來不參與這裏的禮拜，他們有的在原來的老家就有自己常去的教堂，對聖安德烈山的教堂沒有歸屬感，有的根本對宗教禮拜活動沒有興趣。雖然「胡塞」家族的人也只有一部分參加活動（主要是老人），但是他們卻認為這個教堂很重要。這次教堂的維修，在外姓看來沒有什麼必要，但村民代表委員會的大部分委員姓「胡塞」，卻很捨得在這上面用錢。

教堂對於當地村民的生活確實有它的重要性。姓「胡塞」的村民去世以後，以家庭為單位被整齊地埋葬在教堂的後院。每年到了他們的生卒紀念日，總有他們的家人來獻花。對於其他人生禮儀而言，教堂的意義也一樣重大。在我調查過的中國

福建地區，人生下來，爲了保佑他一生平安，家長要爲他安排祭祀「床母」的儀式。在歐洲，在教堂受洗則被認爲是必要的。對於已經確立正統地位的天主教來說，最好所有的嬰兒在生下來以後，依據全國統一的規定在特定的時間受洗。然而在整個阿爾卑斯山區，儘管受洗的方式大體一致，傳統上受洗的日期卻有很多地方性的講究。

從宗教信仰上看，聖安德烈山似乎與法國其他地區完全一樣，將神聖的秩序奠定在超地方的「天主」和「聖母」的信仰之上。但是從作爲宗教活動核心的儀式來看，聖安德烈山的「宗教」卻顯然具有一種難以抹殺的地方性。信仰與儀式的分離，對於從事宗教研究的西方人類學家來說，可能是值得在理論上辯論的事情。在宗教人類學中，長期存在儀式論和宗教—宇宙觀論的爭辯。前者認爲研究「宗教的事實」必須從信仰者如何做出發，從他們的儀式行爲來分析他們的社會性；後者主張研究同一事實必須從人們的思想、思維方式出發，探知不同宗教的世界觀與民族精神。如果我們硬要這樣爭論下去，那麼我們從聖安德烈山的宗教信仰與活動中看到的，可以說是一種「精神分裂」的狀態。一方面，這裏的宗教信仰，其基本形態確實是根據法國天主教的模式來塑造的，因而在「精神上」是超地方的天主崇拜；另一方面，這裏的宗教象徵和儀式，又被當地人理解爲具有相對的地方性，與西方基督教傳統追求的「超越」有相當大的區別。

在中西文化比較研究中，諸如此類的矛盾統一，向來被學者一筆勾銷。二十世紀的中國，試圖從宗教差異來說明文化差異、從文化差異來說明國家命運差異的文化比較研究者比比皆是。他們的宗教文化比較方法各自不同，但基本的「原理」卻

只有一個，那就是將本來可能在西方社會中存在的那種「分裂狀態」再度分裂成中西文化的差異，將宗教的「超越性」歸屬於「西方」，將儀式的「地方性」和「一盤散沙狀態」歸屬於「東方」。雖然我在聖安德烈山的調查時間十分短暫，但是卻從中得到一個強烈的印象：或許被分別歸屬於「西方」和「東方」的所謂「文化特徵」，無非產生於同一個「西方」，或許我們之間的差異並沒有人們想像的那麼大。胡適曾經指出，中國人的信仰甚至可以說是包容性最大的宗教，它廣泛地包含了超越的「天」、具體的地方性、家族性的祖先信仰及基於「功德」觀念的「聖人信仰」[8]。儘管梁漱溟等倡導「西方主義」的思想家反對這種觀點，但我們不應否認西方宗教除了代表超越性的「天主」和「聖人」（saints）之外，其儀式的實踐確實也含有地方性色彩。

地方性與超地方性的矛盾統一，早期中國社會學家隱約地有所意識。二十世紀初期以來，中國最早的社會理論翻譯家們，曾經用「群」來翻譯社會（society），「群」的意思是群體（group）、聚集的人群（gathering）、「眾」（mass），與 "society" 的原來意思風馬牛不相及。後來人們才採用古代漢語的「社」與「會」兩個字來翻譯 "society"（社會）。社會理論的翻譯，和中國與日本之間學術概念的交流有著密切的關係。不過，我這裏感興趣的是「社」與「會」如何與歐洲「社會」構成相互反映的關係。在中國社會學研究的實踐中，「社」形容的大抵是「社區」或「共同體」（community），而「會」形容的則是「社會」。許多學者知道，這兩個漢字翻譯的兩個社會理論的核心概念，在滕尼斯（Ferdinand Tönnies）、涂爾幹以來的歐洲社會學和社會人類學中，占有極其顯要的地位，它們所指的正是

歐洲社會關注的中心論題，及「共同體」向「社會」的演化。然而很少有人去眞正探討一個重要的跨文化對話的問題：中國的「社」與「會」原來的意思指的是什麼？是否眞的能夠表達"society"的意思？

回歸到這兩個漢字的語義學上去，能發現它們表達的，與"society"表達的有一個重要的不同之處。在歐洲，"society"的都市根源是顯而易見的，它原來指的就是某些市民的會社、團體、聯盟，後來被滕尼斯、涂爾幹等人轉化爲與"community"相對應的、政治地理空間上與民族國家相重合的整體國民社會。在學術史的演變過程中，這個概念又進一步與社會決定論的想法相聯繫，與「集體表象」（collective representations）概念相區分，指決定著人們的集體思維、記憶、敘事、對話的「社會事實」（social facts）。現在的中國社會學界基本上也採取這種社會學的決定論，學者們雖然沈浸於形形色色的「本土化」號召中，但是傾向於採取馬克思的政治經濟學或涂爾幹的社會學主義思想來解釋「社會」。他們沒有看到，中國漢字裏的「社」與「會」，其本來面貌與它們被用來翻譯"society"時的意義，其實是很不一樣的。

在長期的歷史過程中，「社」指的是與土地的崇拜有關的禮儀，在「社稷」這個概念中演化成「國家」的禮儀與象徵，綜合了土地和五穀（社稷中的「稷」），表達古代社會中農業作爲立國之本的意義。「會」則指超出了固定的土地和農業聚落意義的社會聯繫，它可以指「會黨」、「行會」、「迎神賽會」等等。我們比較明確的是，到了十世紀前後，「社會」在官方的儀式經典當中，指的是「郊社」的制度，是一種綜合了社稷祭祀制度與「郊祀」的壇襌祭祀制度。在帝國的城市中，這兩

種制度的結合，構成了國家象徵在地方得到落實和表現的基本框架。「社」一般在城市的中心地位舉辦，而「郊祀」則在城市的四周舉辦。兩者之間的區分，有點像法國農村的村社教堂（church）與朝聖堂宇（chapel）之間的區分。同時，在民間，「社會」被引用來指鄰里當中舉辦的地方神祭祀儀式，而「會」則直接地指「迎神賽會」。「迎神賽會」這個概念，我們現在還找不到合適的西文來表達，但是它指的是一種時間性的節慶活動，它超出了「社」的範圍，能調動不同的「社區」來「參會」，也能調動它們之間形成某種「競賽關係」。從空間上講，民間的「社」指的是「社區內部的禮儀」，「會」指的是「社區外部的禮儀」。

在歐洲的社會人類學界，長期以來存在著一種社會決定論的觀點，主張宗教、儀式、象徵作為一種「集體表象」，是由作為「社會事實」的「社會結構」（social structure）決定的。相比之下，在中國文化中，「社」與「會」的本來面目，卻指的就是宇宙觀、禮儀和象徵。這一簡單的比較讓我們看到，中國人理解中的「社會」，原來不具備「決定論」的因素，而傾向於強調「社會的禮儀構成」（ceremonial constitution of society）。關於這一點，我們需要有其他的論著來探討，我這裏所關注的問題比較簡單，我認為漢字「社」與「會」的原有意思，其實能夠更簡潔而貼切地表達法國村社的天主教堂（church）與聖母朝聖堂宇的社會意義和關係。

在中國農村，很多村莊的「社會」是依賴諸多的地方禮儀場所建構起來的。在我研究過的東南地區，村廟、祠堂經常是地理範圍上重疊的，它們表達著村莊家族聚落的「地方意識」。在法國東南地區的聖安德烈山，不存在獨特的村神和祠堂，也

不存在圍繞這些公共象徵展開的儀式，但它的天主教堂，在我看來卻很像中國農村地區的村廟與祠堂，村社的教堂象徵著村莊傳統上的一體性。在中國，村社經常也是與超地方的祭祀活動聯繫起來的。例如，中國東南地區的村莊，經常有「進香」活動，這種活動包含的核心儀式是抬著村神的神像，前往村神的「老家」訪問。它的儀式情狀，與聖安德烈山雪山聖母的朝聖儀式有很大差異，但卻也屬於村社超越自身地理局限性的努力。由於從十四世紀開始，天主的普遍性在歐洲得到極大的強化，因而區域性的朝拜儀式隨之退居其次，使法國農村的地方性祭祀活動，從重要性上比不上中國的同類。但這種結構的相似性本身，卻從一個角度質疑了中西文化比較研究者的那種武斷的「中西對比論」。

7.5 同與不同

在典型的漢人宗族村落裏，對於祖先的祭祀活動，與民間信仰中的神和鬼一起，構成了村社儀式活動的核心，也構成了村社群體認同的基本象徵。村社祖先祭祀儀式，一般分為「家祭」、「祠祭」和「墓祭」三類。「家祭」是以「戶」為單位的，它祭祀的祖先，一般而論是還沒有經過超度並進入祠堂的祖先的牌位。「祠祭」以村社整個家族為單位，一般於春秋二季舉行，屬於全村社的公共儀式。「墓祭」於清明或其他節日舉行，作為家族集體的祭祀活動，一般在家族的先祖的墳前展開。在存在村神和村廟的地方，家族祖先的祭祀與村廟的節慶與進香活動一道，構成村社集體儀式的基本框架。而農曆七月

期間，對於「鬼」進行的「中元普度」，則扮演一種袪除魔力
（exorcism）的角色。

在聖安德烈山，人們對於祖先並非完全不顧。這裏每年數
度，都有人到教堂後院的墳場對死去的前輩表示紀念，而每年
的十一月，都有一次祭祀亡魂的儀式，它在屋子裏的牲口一倉
庫房裏舉行。當地人說，以往在這次祭祀亡魂的節日中，人們
要與牲口、亡魂一起吃飯，表示人與動物和先人之間的團聚
（communion）。不過，倘若將這些零星的儀式與中國宗族村落的
祖先祭祀相比較，那麼在聖安德烈山的村社儀式，祖先的地位
確實是很低微的。瞭解天主教在中國傳播的歷史的人都能知
道，祖先祭祀在天主教社區中地位的低微，與天主教反對偶像
家族祭祀活動的教條，有著因果關係。在中國，西式天主教堂
反對中國祖先崇拜行爲的歷史，直到一九四七年才告結束，而
羅馬教廷對於從事諸如此類儀式的教徒的寬容，大約也只是到
了那個時候才開始的。

中西文化比較研究者對於西方宗教「超越性」和中國民間
信仰「地方性」的比較，顯然是出於某種理想化的民族自我想
像而展開的。儘管法國農村確實不存在村社祖先祭祀的儀式，
但這並不意味著沒有祖先，沒有村社儀式，就一定會具有超越
地方的意識。相反，聖安德烈山的鄉民雖然不集體地祭祀祖
先，但是卻透過村社教堂和雪山聖母的「禮拜」，來展示相近於
中國的「社」與「會」的地方認同感和凝聚力。諸多歷史社會
學家的研究證明，在過去的幾個世紀，歐洲的上層分子爲了建
構現代社會，費了很多心血試圖驅除村社的地方性，試圖將鄉
民從他們的地方性共同體中解放出來。但是現在我們在法國看
到的，卻是舊有的村社制度的合法存在。

在法國的政法體制中，村社擁有相當高的地位。在畢西仰松，政府規定村民代表委員會（Commission）必須由五個委員組成，分別負責公共設備更新（如公共場所的維修、環境的保護）、財務、資訊交流技術及文化工作、環境與經濟發展及對外關係。這個村民代表委員會，就是我們說的「村政府」，在法國稱爲 "communauté"，它管轄的地方與居民，總稱爲 "commune"，就是我們中國透過蘇聯翻譯來的「公社」。在聖安德烈山，除了負責公共設備更新的是一個外姓人外，其他全部來自「胡塞」家族。村長是委員之一，與其他委員一樣是經過全村的第一居民（本姓人）和第二居民（外姓人）共同選舉出來的。這樣一種選舉制度，很像一九〇八年在中國開始的地方自治選舉，更像一九八七年以來實行的「村民自治」，而在聖安德烈山，它的過程與效果，與中國一些地方一樣，也受制於村社中的「大家族」。很多村民反映說，被選爲村長的那個人，不是因爲他比所有別的村民能力強，而是因爲他最想當村長，也最有時間當村長。很顯然，在一個具有家族傳統的村社裏，選票最集中的必然是本家族的人物，他的當選，很大程度上依賴的是同姓氏的村民的支持。同時，當選村長往往既不意味著當選者一定就是村社中的道德模範，又不意味著當選人已經獲得村民的承認，他的權威可能建立在各種各樣的其他因素基礎之上（包括村民說的「有願望」、「有時間」）。

我自己在村政府辦公室裏遇見過村長，發現他是一個對陌生人不怎麼友好的人。據那位外姓的村民代表說，這個人的性格與村中所有其他的「胡塞」一樣，很排外，很怕外來的有錢人搶奪了當地的利益。他辦事有時婆婆媽媽，有時武斷，經常受制於他的族人，對於有益於公共事業的事情，卻不是那麼感

興趣。我自己約他訪談，他三推五推，後來在我要離開的時候，已經沒有興趣再與他見面。在中國村莊中，我也碰到類似的情況，有的村長因為怕我這樣的人查他的賬、怕對他說的話負責等等，時常拒絕接受訪談，要經過苦口婆心，才最終答應受訪。況且在聖安德烈山，村長的權力實在太大，整個村社的一半的土地歸他管轄，他有權批准土地的租售，也有權拒絕土地的租售，有權支配村社的公共財務，如付出大筆款項來維修村社的教堂和公共場所。

在中國，研究村民自治史的學者，有的上溯到上古的時期，在古代文明的行政體制中尋找這種制度的根源；有的上溯到西元十世紀，在新儒學的思想中，尋找「里社」制度的歷史原型。對於法國農村村社「自治」的歷史，或許也會有學者做同樣的時間搜索。對我來說，饒有興味的是，在這兩個空間距離遙遠的國度中，村社制度卻如此驚人的相似。儘管我們之間的宗教—文化傳統不同，但一般百姓的日常社會與政治生活，卻有著如此相似的地方。更有意思的是，在一九五八年前後，在毛澤東領導的「大躍進」運動席捲中國大地之時，法國農村的「公社」概念，已經經歷了時間的考驗、經歷了法國大革命和巴黎公社的傳播、經歷了民國革命的「共和化」、經歷了「共產國際」大家庭的內部政治辭彙交流，成為我們的當代史最引人注目的篇章。可是在過去三、四十年的中國當代史研究中，西方和非西方的「中國問題研究專家」卻令人意外地將「公社」這個概念當成是「中國獨特的政治經濟形態」。

是什麼東西阻礙了我們對於文化之間的相似性與跨文化概念交流史的認識呢？對這個問題，人們可以提供不同的答案。但是對我個人而言，有一點卻必須首先引起我們的關注。在過

去的一百年中，中西文化比較研究者對中國的「家族主義」、「村社主義的一盤散沙狀態」與西歐的「國家主義」、「民族國家的共同文化」之間所做的比較，在我們的思想界和社會科學界留下了深刻的烙印。這種在比較之中只看不同而不看其他的做法，使我們易於將自身想像成一種有別於他的、必須自我更新的民族。即使我們一定要強調「不同」，我們似乎也不應忽視了一個事實，這就是：現代社會理論的奠基人，依據英國工業革命、德國理性主義營造起來的圖景，在歐洲內部其實也無非是不同類型中的兩類「不同的文化」。如果說這兩種類型的現代文化，一種是依據英國啓蒙傳統的「功利」（utility）概念建設起來的，而另一種是依據德國啓蒙傳統的「歷史理性」（historical reason）概念建設起來的，那麼在歐洲應當還有其他的類型，而其中一種可能便是我們在聖安德烈山看到的、涂爾幹曾經從不同側面強調的「社會理性」（social reason）。倘若有人想要進一步追尋近代歐洲文化傳統的宗教根源的話，那麼或許韋伯對於基督教—新教倫理的論述，恰好爲我們解釋了英德基督教與法國天主教傳統之間的差異。

7.6 非我與我

　　人類學家告訴我們，研究別人的文化，不能落入尋找奇風異俗的俗套，而要形成一種文化的互爲主體性，令我們能在他人那裏看到自己，在自己這裏看到他人。對法國村社的訪問，告訴我們的也是這個道理。

　　中國文字裏對於「西方」的記述，當然早已有之，而我的

訪問也並非是中國人觀察歐洲人的首次試驗。在漫長的中華帝國歷史中，對於「西方」，正如西方人對於「東方」，中國人已經做了變化頗大的描述和評論。在《山海經》時代，我們的「西方」指的是崑崙，這個地方到底在什麼地方，學界爭論不休，而大家基本同意，它指的是「西北」這個方位。到漢唐時代，「西方」指與印度佛教密切相關的「極樂世界」及「西域」（今日的「中東」以至「近東」）。宋元時期，隨著大陸和海洋絲綢之路的進一步拓展，「西方」這個概念在歐亞大陸上西擴到歐洲東部、非洲北部，而在海上，「西方」（西洋）被我們的祖先用來代指東南亞、南亞、波斯灣以至東非海岸的廣闊地帶。

十六世紀以後，隨著歐洲傳教士的大量東來，「西方」才逐步被界定爲今日的「西方」。從傳教士利瑪竇（Matteo Ricci）一五八二年來華開始，一批給中國帶來「西方知識」的傳教士，綜合宋、元、明中國人的世界知識和地理概念和歐洲的新地理知識，爲中國人繪製了比較準確的世界地圖，而其中歐洲的地圖及《山海經》，成爲有關「西方」的基本知識。利瑪竇自己即於一五八四年爲我們繪製了「輿地山海全圖」，而緊跟其後，義大利傳教士艾儒略（Giulios Aleni）於一六二三年發表《職方外紀》一書，更詳細地論述了歐洲的國別風俗、宗教和地理概貌。艾儒略生於一五八二年，一六〇九年受耶穌會派遣到遠東。一六一〇年抵達澳門，一六一三年抵達北京，後來到上海、揚州、陝西、山西等地傳教。一六二〇年抵達杭州，當時教案發生，他匿藏在護教的中國人家中，於一六二三年寫成《職方外紀》一書。這部生動的地理學著作，以古代文言文寫成，模仿中國古代經典的筆調，論述了耶穌會視野中的世界，而書中有一個章節專門介紹了法國。

　　艾儒略用七百來字生動地描述了法國的宗教、政治組織和社會生活的基本面貌。「拂郎察」一章，分a、b、c三段。第一段，給了這個國家一個地理學的定位，緊接著介紹了巴黎（把理斯）。艾儒略說，巴黎「設一公學，生徒嘗四萬餘人。並他方學共有七所。又設社院以教貧士，一切供億，借王主之，每士計費百金，院居數十人，共五十五處」。在第二段，艾儒略說，對於法國，天主特別地給予恩寵，他賞賜給法國國王一個單一的神，而且讓法國國王每年舉行一次「療人」的儀式，將所有患病的人召集到宮中，國王「舉手撫之」，安慰說：「王者撫汝，天主救汝。」接著，奇蹟出現，「撫百人百人癒，撫千人千人癒」。這段還介紹了法國的封建制度，說到當時的國王與「小國王」的親子繼承關係。最後一段，艾儒略介紹了法國的住房和「國人」的性格，說「國人性情溫爽，禮貌周到，尚文好學。都中梓行書籍繁盛，甚有聲聞。有奉教甚篤，所建瞻禮天主與講道殿堂，大小不下十萬」。

　　諸如艾儒略《職方外紀》這樣的書籍和地圖，給中國人提供了關於西方文明的具體知識。但是產生於明末的西方知識，到了清代被我們改造成了另外一種知識。清初的三、四個皇帝雖然種族上源自於一個古代的「蠻族」，但是對於治理整個世界也有他們的雄心。他們眼裏的世界是以大清為中心，其他國家為邊緣。在立國以後，儼然成為帝國的朝貢體系的核心。在很多禮儀、建築和文本中，「西方」再度被「中國化」為居於世界西北地帶的「蠻族」。直到一八四○年以後，對於「西方」的這種鄙視態度才逐步開始瓦解。在魏源的《海國圖志》中，世界地理被重新界定，雖然中國仍然列為世界的中心，但是從軍事戰略的眼光，西洋的力量被作者加以強調。法國這時成了

「佛蘭西國」，從「拂」到「佛」的變化很微妙（魏源用的是《大明一統志》的說法，而艾儒略在介紹法國時，顯然因不喜歡「佛」這個字，而將之改為「拂」）。魏源評論法國人說，他們「俗向奢華，虛文鮮實，精技藝，勤貿易」。正文介紹了法國的「審訊衙門」（法院）、軍隊數目和分布。說到英法戰爭時，魏源引到「當危急時，忽有童女統軍驅敵」的歷史。

《海國圖志》在〈佛蘭西國沿革〉一文中，詳細介紹了中法之間貿易、戰爭的歷史，為我們提供了「中法關係史」的基本脈絡。而這一「國與國關係史」的框架，在相當長的時間裏，也是中國人觀察和認識法國的基本訴求。例如，一九○七年初版的康有為《法蘭西遊記》主要關注法國的軍事力量問題和大革命問題。康有為認為，像法國這樣的一個小國家，是羅馬帝國衰亡後建立起來的。雖然他在法國看到了很多值得中國學習的東西，但是他在巴黎的訪問使他不禁要比較中國的「秦」與西方的「大秦」（羅馬帝國）。他說，羅馬帝國的四分五裂是個令人痛心的事，因為這使歐洲的軍事力量弱化，而且使歐洲各國長期處在相互的矛盾狀態之中，影響了歐洲未來發展的潛力。而對於法國大革命，康有為認為，這對歐洲的繼續繁榮與強大是一個大的衝擊，「大革命」使歐洲人失去了本來具有的社會和倫理秩序。於是他說：

> 鄙人八年於外，列國周遊……明辨歐華之風，鑒觀得失之由，講求變法之事，乃益信吾國三代之政、孔子之教，文明美備，萬法精深，昇平久期，自由已極，誠不敢妄飲狂泉，甘服毒藥也。[9]

從《法蘭西遊記》來看，與近代的其他許多中國思想家一

樣，康有為對於近代法國的民族主義和革命主義思想存在著嚴屬的批評態度，這與康有為本人的君主立憲思想有密切的關係（康有為在號召「以法為鑒、以日為師」時，顯然把法蘭西文化當成中國政治近代化的反面鏡子）。不過對於人類學者而言，更有意味的是，在對法國進行文化評論之時，康有為運用了中國式的解釋，他認為歐洲近代國家的分化，與歐洲文化近代的一項變遷有著密切關係。他說，近代歐洲人表面上都承認，他們的文明源於羅馬。在歐洲大學的教育中，到處可以看到「羅馬」的文明痕跡，表明歐人「不忘其祖」的心態。然而比較中國而言，歐人對於祖先的尊敬、對於自身古代文明的繼承，在精神實質上卻不能與中國相比。在康有為看來，近代歐洲帝國的崩潰、革命的興起，恰恰是由於歐洲人相比中國人更容易忘記祖先。

康有為的文化論述雖屬個人之見，但對其後中國比較文化研究的理論有深遠的影響。在整個二十世紀，中國發生了翻天覆地的變化，這些變化超出了本文論述的範圍，但有一點是相互關聯的，這就是在漫長的二十世紀當中，中國運用了康有為宣稱藉以為鑒的法蘭西文化，來消滅原來的「帝國體制」，也翻譯了「革命」這個概念，來營造一個「破除祖先定法」的新國家。長期以來國人似乎傾向於相信一個觀點，即西方式的、無祖先的宗教，對於構成一個一體的、強大的軍事性民族國家有著重大的意義。

在二十世紀中國學術思想的發展中，「民族國家焦慮」發揮著很大作用。我們知道，在鄉土研究中，長期以來存在著以民族誌的方式來呈現分散的中國村社的傳統。在社會學中，這種傳統被學者們與「社區」這個翻譯來的概念相聯繫，卻不無矛

盾地意指一個「中國學派」。為什麼中國社會人類學家一直要將自身局限於作為「社區」的村社研究呢？我認為在一百年的學術變化中，從事社區研究的學者必然各自具有不同的理論關懷和思想特色。但是在一點上，我們卻是共通的，那就是要尋找代表中國社會特徵、卻又必須向現代意義上的「社會」轉變的「鄉土模式」。中國社會人類學家與哲學的思想家不同，他們接受了經驗主義社會科學方法的基本立論，主張在經驗的「社會事實」中尋求對於傳統與現代性的理解。然而我們有多少研究真的能夠避免哲學─宗教學意義上的中西文化比較研究給予我們的研究帶來的「民族國家焦慮」呢？問題的答案是顯然的，而我在這裏關注的，卻不簡單是「民族國家問題」本身，而是這種問題意識和潛在的焦慮，給我們帶來的跨文化的「誤會」。

尋找自身文化出路的知識分子，必然也在尋找與自身文化不同的文化。於是諸多的中國思想者的心靈邁進了希臘「城邦」，找尋民主的西方根源，不民主的「東方學」。同樣多的學者在遙遠的過去，找尋可以發揮「內聖外王」效用的「儒學」。雖然文化有時是別人的，有時是自己的，但是我們中的很多人總想在其中找到自己的未來。這種做法表面上是「內發的」，發自於我們文化內部的、關注自身文化走向和脈絡的關懷，實際上與早期深潛於中國文化的傳教士的關注點與言論、與他們對於「西方」的敘說，不同之處並不很多。這一點不僅對我們的文化論有效，對於我們的社會變遷也有效。如果說我在法國村社的短暫的停留有什麼意義，那麼這一意義恰恰在於試圖在一個被我們二元化了的「東西方世界體系」中，找尋我們社會經驗的不同與相似，從而揭示出我們在歷史過程中形成的那種「焦慮」的可能解釋。

　　在我們這個容易旅行的時代，現代性的體會到處都能得到。我們還能不能看待「我們」與「他們」之間的差異？這種差異的發現，是不是說明它們之間沒有關係？在差異中探索人的共同生存的理由是什麼？「祖先」與「無祖先」的爭論，最後變成了一個不重要的附屬品，因爲它已經讓位於人類學的知識互惠方式及文化互爲主體性的說明了：一個民族自我拯救的藥方，可能要去一個更爲發達的民族那裏尋找，這可能也是人類學的互惠觀念告訴人們的常識。但眞正的人類學研究，讓我們看到另外一個層次——現代性的「營造法式」包含著對文化的同與不同的諸多誤解，祖先與無祖先社會的區分，就是一個典範的案例，人類學家的使命，是要對這樣的案例、這樣的誤解進行重新的思考，使「他者」回歸於「他者」，同時具有更眞實的人性。

註 釋

[1]格爾茲，《文化的解釋》，中文版，納日碧力戈等譯，上海人民出版社，1999年版，第26-27頁。

[2]Francis L. K. Hsu, 1963, *Clan, Caste, and Club*, Princeton: Ban Nostrand Co.

[3]轉引自李天剛，《中國禮儀之爭：歷史、文獻和意義》，上海古籍出版社，1998年版，第368頁。

[4]轉引自梁漱溟，《中國文化要義》，台灣五南圖書出版公司，1986年版，第74頁。

[5]《傅衣凌治史五十年》，上海人民出版社，1989年版。

[6]布洛赫，《法國農村史》，中文版，余中先、張朋浩、車耳譯，商務印書館，1997年版，第268-269頁。

[7]勒華拉杜里，《蒙塔尤：一二九四至一三二四年奧克西坦尼的一個山村》，中文版，許明龍、馬勝利譯，商務印書館，1997年版。

[8]梁漱溟，《中國文化要義》，第100頁。

[8]轉見梁漱溟，《中國文化要義》，第100頁。

[9]轉引自鍾叔河，《從東方到西方》，上海人民出版社，1989年版，第478頁。

8. 人類學者的成年

　　人要研究人自己，從科學歷史上說是人類學十九世紀的創舉，經過了一段探索，到二十世紀初年建立起了一套科學的方法，不能不說是人文世界中的一項新發展和新突破。但建立這一門科學可能比其他科學更為困難些，不僅是因為人文世界領域廣闊，而且使人研究人，不同於人研究物。研究者必須要有一種新的觀點和境界，就是研究者不但要把所研究的對象看成身外之物，而且還要能利用自己是人這一特點，設身處地地去瞭解這個被研究的對象。

　　　　　　　　　　　　　　　　——費孝通

　　費孝通（1910-　）（右一），最著名的中國人類學家、社會學家之一，其《江村經濟》被譽爲人類學轉向本土、轉向文明社會道路上的里程碑，而他的其他論著廣泛涉及鄉土中國及其變遷的經驗、中華民族多元一體格局的歷史與實踐，近期有大量論著闡述了更廣泛的論題，包括「跨文化對話」、人類學與「文化自覺」等問題。圖爲費孝通和江村兒童。

　　有人說，過去的一百年裏，人類學家所做的一切，只是要回答一個問題：人與人到底是一樣的還是不一樣的？人類學家的論著那麼多，研究的文化那麼繽紛，那麼令人目不暇接，說他們只關心一個問題，恐怕讓人發笑，甚至讓同行感到可惡。好笑也罷，可惡也罷，這話實在是有那麼幾分道理。長期以來，人類學家企求的，的確是對這樣一個問題的解答。我們不能輕視這個問題，從解答一個簡單問題中能延伸出來的知識，像一加一等於二在數學中能延伸的一樣，往往沒有那麼的狹隘。

8.1 善待他人的學問

　　說人是一樣的，或是說人是不一樣的，時常會含有一定的價值判斷。例如，我們說那個人很好，意思可能是說，他跟我一樣好；我們說這個人跟我們不一樣，意思可能是說，他跟我不一樣，很壞。於是，一樣和不一樣的問題，時常讓人感到有道德判斷上的潛在危險。舉一個例子來說吧，國人時常以中國的文化特殊性為民族驕傲的理由，但別人談論我們的不同時，總隱隱覺得有些令人不快。有一個歐洲哲學家，有一次當著我的面大講中國藝術的認識論特徵，就讓我覺得頗為憤慨。

　　這個人說，文藝復興時代的西方繪畫，跟我們非常不一樣，是寫實的，不僅畫穿衣的，還畫裸體的。西方藝術家總是追求要用精確的美術語言來體現一個「模特」的原貌，與中國的國畫形成了很大差別。在漢語中沒有「模特」這個字，這是因為我們中國人從來不能把人作為藝術完整地反映人體的手

段，我們不把人畫得很逼眞，我們畫山水人物畫，是追求瀟灑
飄逸。而西方的畫，則可以把人脫光，甚至畫一具屍體，只要
非常的像就叫做「藝術」。文化的不同，在中國的裸體畫和歐洲
的裸體畫的差別中可以看得十分清晰。中國的古代裸體畫，只
是出現在春宮畫中，而歐洲的裸體畫則是很神聖的。中國的正
統的繪畫強調的是線條。春宮講究西文裏"naked"（裸體）的
感覺，往往與中國人的性想像有關，而西方的人體藝術既然是
藝術，就要被神聖地稱作是"nude"，是美學意義上的「裸
體」。對這一點，我倒能有點補充：中國對裸體的道德仇恨，在
喪儀這個側面裏，表現最爲鮮明。人入葬的時候，請和尙來念
經，和尙代表死者說：「我生前罪孽深重，希望自己生前沒有
被脫光過，沒有這種脫光的罪過。」死人的願望是自己從來沒
有被脫光。然而，這位哲學家要說的不是這種問題，他要從
「裸」中表現出的不同文化態度來考察中西認識論的差異。比較
地看，中國畫的「裸」講究的不是「裸」的神聖的眞實，而時
常帶有一種山水畫的「勢感」，令人看了能感到動的感覺，不像
西方的「裸美」那麼凝固地神聖。中國人歷史上不怎麼喜歡科
學的精密性，與中國人講究「勢感」有很大關係。

　　客觀地說，這樣一項比較研究的工作，對人的啓發是很大
的。我甚至覺得，它能解釋我們的很多認識論問題。比如說，
孔子說「仁者人也」，意思是說，人之所以爲人，是因爲兩個人
以上結合成爲「仁」。這模糊地讓人感覺到有點像在說一種社會
學原理，但他說的「仁」完全是一種處世的方式，而非社會學
從科學原理中推論出來的「社會結構」。我們強調的是一種
「勢」，畫家不能畫得太逼眞，要用線條把人的各種動作都勾勒
出來，才叫畫家，士大夫不能把社會說得太完整，不然就缺乏

「仁義」。這種畫法、這種想法在西方是不可能的，跟歐洲很不同。歐洲是經歷希臘羅馬、中世紀，再到文藝復興的，在歷史變化中，對人的看法發生過很大的變化，但如那個哲學家所言，歐洲人一以貫之的是一個「求真」的傳統。中國人對人的看法則不同，我們看人要看天、地、人組合成的「勢」。在先秦時代，我們看世界、看人的方式是以居住的房子為中心的。在《詩經》、《尚書》中就有記載，裏面明確地說，世界是方的，所以房子也應該是方的。並且有四個方向，每個方向代表一個方向、顏色、力量、時間等等。我們用它來套整個世界、來造城、來形容我們和其他民族的關係（蠻夷戎狄）。皇帝爭著把自己的城池建得越來越大，建得越大，越能說明君主和天的關係很近，權力也就越大。統治者一旦得不到天的授權了，就要派方士出謀劃策，改變「天運」。我們這個「方塊」被擴大到「天下」，形成自漢至清的朝貢體系。在這個體系裏面，禮物來來往往，今天我們叫它「古代的世界貿易體系」，但我們當時稱之為「禮尚往來」，稱之為「禮」，包含有道德的意思在裏頭，不是一個真實的互惠體系。這也是「勢感」外延引起的。

人類學的跨文化理解，確實與這樣鮮明的比較文化研究一致。我從那位哲學家那裏得到的啟發，也真的是一種啟發。但聽他那樣說，我們中國畫裏的「裸」與「美」這個概念沒有關係，令我覺得備受侮辱，好象他是在說我們中國人對待裸體總是赤裸裸的。所以人類學家在進行跨文化的比較時，不能不考慮一致與差異這兩個概念可能帶來的複雜的情感效應。生活中語言的雙關性，有時能啟發我們對歷史的理解。過去歐洲人侵入其他國家的時候，他們也在討論這個問題：人是不是都一樣的？當然，答案總是自相矛盾的。那時的答案是進化論和傳播

論的。進化論認為我們被殖民的人都是「好同志」，因為我們與他們的「心智」是一樣的。自相矛盾的是，進化論者又說，「他們野蠻民族」很荒唐，到了這個時代還處在一個古老的年代，「我們這些歐洲的老大哥快來幫助這個不開化的小弟弟吧」。傳播論者說，那些被殖民者的文化，無非是從外面傳來的，與「我們今天的文明不同」，「他們的文化」是上古的時候流傳下來的，但變了模樣，淪落為一個「落伍的傳統」。

我這裏說的人類學，是現代派的，是在反思那兩種關於人是一樣還是不一樣的解答方式基礎上提出來的，也與價值判斷有某種關係，而且關係越來越複雜。英國功能主義人類學家說，我們人──無論是西方人，還是「野蠻的部落人」──都有基本的需要，人都是一樣的，不存在大哥哥關心小弟弟的問題。文化是不同的，但它們共同滿足著同樣的需要，如生活的基本需要，社會共存的中級需要，尊嚴的高級需要，社會共存的「驅使力」。在兩次世界大戰的期間，美國人類學家也害怕說別人是壞人，害怕像進化論者那樣將非西方民族說成是迷信的、不理智的民族，他們強調文化的不同而拒絕說不同會不會導致水平的高低，他們說文化的精神根源於一個民族自身認識的價值，一個民族的價值不應影響另一個民族的價值，大兄弟之間的關係，像英文的"brothers"（兄弟）一樣，應不分長幼。不同的民族有自己的一套文化的特徵，它們構成一個綜合體，有一定的空間分布，就叫「文化區域」，文化區域的邊界是存在的，但我們不能去劃定它們之間的道德、技術優劣的界限。西方人無權判定別人是髒的。比方說他們可以認為自己的城市，如紐約、巴黎、倫敦很髒，地鐵裏有一堆黑人在搶東西，而不能說他們覺得北京、墨西哥城是世界上最髒的首都，只能說北

京、墨西哥城在西方人看來是髒的，但他們自己習慣了，就不認爲是髒的，人類學家也不要說他們髒。這樣一來，人類學的學問才能在道德上純潔起來。我們將這種判斷叫做「文化相對主義」。法國人類學家或許有趣一些，他們說，人既有差異，又有共通之處，共通的地方就是人透過互通有無來建立社會。中國人的「面子」很荒唐，但與西方人的贈予、慈善有共同之處，人是因爲不一樣，才能一樣，就像男女不同，但沒有男女，我們不能生育，也就沒有了我們人自己了。

這樣描繪人類學理論的歷史，令人聽起來有點難受，但事實就是事實，現代人類學就是在這樣的基礎上發展起來的。不同的流派之間有矛盾、有不同點，但大家基本公認，人類學家要尊重不同於我們的人和文化，才能獲得眞正的「自覺」。意思就是說，沒有「他者」，就沒有「本己」；沒有西方，就沒有東方，倒過來也是一個道理。在充滿矛盾的世界上，人類學的這種雙邊的相互的文化主體性，意思很明白，但實踐起來不怎麼容易。於是我在回答「人類學是什麼」這個難題時，才花了那麼多的筆墨，去重述許許多多來自這個簡單命題的複雜答案。

現代人類學家意識到，「人的科學」必須懷有對被研究的人的基本善意，才能眞正瞭解這個人，同時才能透過瞭解他來瞭解自己。我們可以稱這樣的人類學是一種「善待他人的學問」，而這種特殊的學問與一定的時代、一定的政治環境有值得強調的關係。一個簡單的觀察是，在現代人類學的歷史上，西方諸國能留下名分的主要是英國、法國和美國。這樣一個簡單的觀察讓我想起德國的處境。在人類學的近代史上，德國的傳播論是有很重要地位的，並且這個國度裏知識分子發明的「大衆文化」、「國族」、「民族精神」、「理想類型」等等，經猶太

人的輾轉傳播，影響了美國知識界，再經過美國影響到法國和英國。可是兩次世界大戰之間，德國人類學在國際上的學科地位並不重要。在英國、法國這兩個主要西歐國家和美國這個新興發達國家中，知識分子對人類學的一場深刻的思想解放運動起著極大的推動作用，而在德國傳播論以後的人類學，基本上沒有什麼創新，直到三十年前，這個古老的理論在傳播媒介研究的活動中才重新煥發生機。

其實，當時的德國是有人類學的，但那時德國的人類學變成了種族主義的「優生學」。遷移到其他地區去的猶太籍人類學家，都像波亞士那樣成了人類學大師，而在德國國內人類學家們還在問為什麼亞利安人種那麼優秀，別的種族那麼糟糕，怎麼解決這個問題。種族主義的人類學家認為這是遺傳的結果，於是他們成了希特勒的理論戰將，有的還專門協助納粹「生產」小希特勒。這些人後來在遺傳學上造詣很深，是因為他們將所有的精力放在用遺傳學的理論來解釋文化差異，他們以為所有的人文類型之所以成為類型、之所以不同，是因為它們可以歸結到這個「種」的問題，「孬種」就生不出好的後代，德意志民族才是好種。那時的德國人類學，停留在黑暗時代，專門強化民族自尊心和宣揚民族中心主義。為了這種自尊心，為了這種民族中心主義，德國曾發展了最為完備的現代國家力量。一切違反國家利益的行為，都被當成「壞種的行為」加以制裁。為了建設這個強權國家的社會根據，德國政府用了很多辦法來推進「社會動員術」的開發，它發揮了德國近代的「大眾文化」觀念，使之運用於宣傳，使之能夠煽情地引起人民的回應，從而在一段時間裏達到了國家主義的目的。那時的國家主義，經過與種族主義的結合，出現了一個荒誕的效果。以國家和民族

為中心的強權政治，本來應當是遵循民族國家的疆界原則才能
實現其有效統治的，但德國偏偏逆歷史潮流而動，想恢復一個
以亞利安民族為整體統治者的帝國，雖然這個國家喜歡「大眾
文化」這個詞，也創造出一種這樣的東西來讓國民共享，但它
卻在另一方面上極為霸道。德國那時的現代性，是與大屠殺為
伴侶的，它淋漓盡致地表現了現代性的技術和文化一體化能促
成的野蠻行動。

　　在這樣一個納粹的國家裏，現代派的人類學主張是不可能
被寬容的。在那時的德國，誰有膽量像英國人類學家埃文思－
普里查德那樣從非洲的研究推論出一個「有秩序而無政府的模
式」來？在那時的德國，有誰能像美國猶太人波亞士那樣去不
斷宣揚種族平等、文化平等的理論？在那時的德國，又有誰能
像法國人類學家李維－史特勞斯那樣，離歐洲遠去到熱帶叢林
尋求解救歐洲文明的藥方？那時德國人類學的狀況，甚至還遠
遠不如中國。那時，從這個異邦帶回民族學理論的蔡元培能為
宣揚一個自由思想的學科奔相走告，從另一個異邦帶回社會學
理論的吳文藻能在一個小小的空間裏演說一個多文化的文明體
系。到海外去的華人人類學家，能自由地運用一切可以被參考
的洞見，去分析自己的社會，對當時的社會面貌，對社會的改
造提出自己的方案。而在德國，種族主義的優生學，幾乎是唯
一的人類學。

　　在人類學史長篇中，在現代人類學這一部分，德國的那一
節是極短的幾頁。從這個國家出來了的猶太人的名字，從這個
傳統裏頭延伸出來的文化理論，占據了國際人類學史的主要篇
章。然而在這個國家內部，文化理論被推及到人身和國家的政
治治理術，成為種族主義的藉口。德國在現代人類學史中失去

地位，沒有什麼可以抱怨。可問題是：爲什麼它有這樣的結局？道理很簡單，在一個種族主義、民族中心主義、本文化至上論、國家全權統治支配人們的生活的地方，一切圍繞著的中心問題，無非只有一個：與自己不同的人，都是該被征服的「孽種」。所幸的是，戰爭期間的德國，對人類學本身的益處，應該還是要辯證地來看，至少這個國家迫使更多的流動於各國的人類學家，在其他空間裏找到了對人的差異性與一致性進行更爲客觀而善意的理解的辦法。

8.2 成爲人類學家

俗語說：「學壞三天，學好三年。」要做一個善人，人要花很大的心血。做一個普通的善人都這樣，更不用說要造就一門具有善意，同時兼備眞理和美感的學問了。歷史上，人類學走了很多彎路，最後在一個樸實的基點上找到了自己的立足點，知道了「人研究人，不同於人研究物」，知道了研究人的人，必須「要把所研究的對象看成身外之物，而且還要能利用自己是人這一特點，設身處地地去瞭解這個被研究的對象」[1]。我們將人類學的這一根本變化稱爲人類學的「成年」，就像一個人成年的過程一樣，對自己提出了新的要求。

相比古老的神話、哲學、歷史和文學，只有一百多年歷史的人類學（包括近代人類學），只能算是一個兒童。但這個早熟的兒童，卻懂得不少規矩。根據他的要求，一個人要成爲人類學家，要經歷人生禮儀的考驗。在一個原始的部落裏，一個人成丁了，男的要在儀式裏經過成爲「戰士」的震撼，女的要在

儀式裏給自己強加上民族的文化符號。成為一個人類學家,特別是成為一個好的人類學家,也要經歷這樣的磨難。在自然科學裏,磨難來自於實驗室枯燥無味的不斷實驗、數學方程式的不斷檢驗和原理的不斷反思。在人類學裏,磨難來自於一個「離我遠去」的過程。在這個過程裏,將成為人類學家的人,要「讀萬卷書」,要「行萬里路」,在前輩的描述和理論闡釋裏,學到「走路」的基本模樣,然後,他要離開自己的生活世界,到一個遙遠的地方,去形成對自己的生活世界的認識。經歷了長期的參與觀察,人類學家回到他們的學院,沈浸在沒有線索的田野筆記和資料裏,在實驗室般的工作氛圍裏,尋找解釋資料的途徑,最終寫出一部作為成丁禮主要「贈予」的民族誌。這樣人類學家才成為人類學家,終於獲得了言說的權利。

歷史上,人類學前輩裏頭不乏有自學成才的,他們中更多的是從別的行當轉過來的。成為人類學家以前,他們當過物理學家、數學家、醫生、戰士的人不少。在過去的五十年裏,世界上的人類學逐步成為大學教育的核心課程。在一個提供系統人類學教育的科系裏,學科的教學工作要包括本科、碩士和博士三個階段。在歐美地區,學過本科人類學課程的人,可以直接升入人類學的博士班,碩士研究生基本上是為其他學科的本科畢業生提供的強化式入門教育。在不同的國家中,人類學教學工作涉及的面,有寬窄的不同,有重點的差異。在美國大學的本科教學工作中,這門學科的教學一般採取寬泛的「大人類學」授課辦法,涉及面包括體質和文化人類學的各個方面,後者主要包括考古、語言和社會文化人類學的教學。社會理論的發達,也給美國大學的人類學教學工作提出了新的要求,特別是對準備攻讀博士學位的學生,從十九世紀後期開始到「後現

代時期」（過去三十年）提出的社會理論，都是必讀的書目。在英、法等歐洲國家，大學的人類學教學工作，主要圍繞著社會文化人類學這一中心，個別地方可能保留古典式的「大人類學」體系，但作爲專業訓練，人類學注重民族誌原著的閱讀和社會思潮的跟蹤。

　　大學裏，人類學家的成丁禮，又可以用「學院」——「田野」——「學院」這三段式的程式來形容。準備成爲人類學家的人，首先要在一個人類學專業的科系系統學習課程。一個好的人類學科系，能提供三個方面的課程：研討班、講座和民族誌電影。研討班是一般上課的方法，課程的內容包括人類學史、當代人類學思潮和主題、分支研究領域入門、區域民族誌，要求學生在閱讀原著的基礎上在班裏參與討論。講座一般是由成名的人類學教授主講，老師上了講臺，只帶著幾片卡片，就能講兩個小時，內容很豐富，注重啓發。民族誌電影，用比較生動的手法，讓學生更直觀地接觸到田野的實地景象。這種電影與民族誌的描述一樣，注重親身的見聞，經典的片子各有風格，猶如紀實藝術片，令人耳目一新。「學院」這一階段的總體目的，是要讓人類學學生在三個層次上基本把握人類學的學科面貌和當前潮流。李維－史特勞斯曾將總體的人類學分爲三個層次，民族誌、民族學和人類學，意思是說完整的人類學知識需由記錄性的個案研究、區域性的文化比較和超經驗的理論分析組成[2]。人類學教學工作，一般也需從這三個方面入手，讓學生透過閱讀大量原著、參與談論、聆聽講座和觀看電影，來瞭解世界民族誌，形成初步的比較，認識抽象的理論，知道什麼是好的人類學。

　　人類學訓練中的「田野」階段，學生的自由選擇餘地比較

大，同時也意味著學生要比較獨立地、爲自己負責地展開自己
的研究工作。田野工作的基本要求是要學生離開「學院式生活」
一段時間，到講不同語言的地區，嚴格說來要求有一年的語言
學習和一年的調查。要求一年的調查，主要是因爲人類學家認
爲，要充分瞭解一個社會，我們有必要跟隨這個社會的年度周
期和四季的節奏，從社會時間的整體把握入手，全面地瞭解這
個社會生活的面貌。照傳統的要求，田野工作一般要在一個與
自己的文化構成距離的地方。對過去的西歐、日本人類學家來
說，主要是前殖民地的社區；對美國、加拿大、印度、澳大利
亞等國來說，當地的土著部落是人類學關注的；對城鄉之別比
較明顯的義大利、西班牙、葡萄牙等國，除了以前的殖民地以
外，現在核心的調查地點是本國的農村。在我們中國，人類學
長期既關注國內少數民族的調查，也關注國內的農村社區。隨
著變遷理論的進一步發展，越來越多的人類學研究項目關注都
市場景中的多元文化，新一代的人類學家還有不少傾向於用民
族誌的方法來觀察現代文化和它的「生產方式」。從「他者的目
光」延伸出來的人類學視野，已經成爲田野工作的基本倫理。
在這個意義上，「離自己遠去」只是一個比喻，它比喻的是田
野工作中的人類學作風，要求人類學家採取「非我」的眼光來
看待被研究的人——無論是前殖民地社區、國內少數民族、本民
族農村社區，還是大批的記者、藝術家和廣告商等。

　　從事長期田野工作的人類學學生，有些人接著留在他們研
究的社區，成爲當地人，但大多數還是要回到作爲知識家園的
「學院」。在大學和科研機構裏，他們繼續參與學術討論，繼續
閱讀重要的書籍，同時，他們對自己獲得的資料進行整理和分
析，寫一部好的論文。在這個階段裏，閱讀、討論與資料的整

理、分析同等重要。一部好的人類學論文，需要對自己的第一手資料有充分的把握，而把握這些資料不能脫離其他學者的論述。於是這個時候，人類學學生還是要回歸到那個「學院式」的三層次知識追求裏去，透過閱讀其他個案、跨文化比較的範例和社會理論來形成論文的基本思路，最後寫出論文。嚴格說來，這部讓人類學學生「成丁」的論文，一般要依據第一手的資料寫成，但人類學的老師對綜合性較強的論文也不排斥。我們知道，現在做人類學研究的學者可以像馬林諾夫斯基那樣以民族誌為中心來說話，也可以像李維－史特勞斯那樣，展開廣泛的綜合研究。隨著科際合作的進一步發展，人類學與歷史學、社會學、文化研究之間的結合越來越多，其他學科的論述類型，也已經被人類學家所接受。

大學的人類學訓練，最高的成就就是「生產」出人類學博士。對本科生來說，基本的把握就足夠了，而對想成為專業研究人員的學生，需要的時間比一般社會科學要長得多。「學院——田野——學院」這個程序，是對博士研究生的基本要求，一部博士論文一般需要花上四到十年的時間來完成。完成博士論文以後，人類學的博士們如在大學和科研機構工作，他們就被我們稱為「職業人類學家」。這樣長久的人類學訓練，這種對學科知識和第一手資料的雙重強調，是現代人類學在反叛古典的進化和傳播人類學的基礎上逐步形成的。因而根據這樣的程序生產出來的學者和知識，必然帶有現代人類學的基本特徵。我們說現代人類學是一門「善待他人的學問」，這只是說這是它已表明的理想追求。這門學問提供的訓練，能基本保證一個人獲得人類學的知識完整性和職業化研究技藝。它能否保證一個學生成為一個「善待他人的人類學家」，仍然是一個問題。我們知

道，不是所有的人類學家都是「善人」。在歷史上，不乏有一些人類學家對被他們研究的人持有偏見，也不乏有人類學家出賣自己的研究來贏得非正當的利益，更不乏有人類學家在別人的世界裏追求自我矛盾的解脫。因而，作爲共同體的人類學界越來越意識到知識的「雙刃劍」潛力。要成爲一個好的人類學家，對這種潛力也要給予充分的關注。

8.3 認識與價值

新一代的人類學家喜歡對老論點進行重新思考，將它們與「世界的新格局」和「後現代主義」聯繫起來看。重新思考針對很多東西，但它對人類學認識論和人文價值觀的重新追問，是值得關注的。怎麼理解被追問的問題？我們不妨從過去五十年中國人類學的處境出發來尋求答案。

我們知道，第二次世界大戰以後的幾年時間裏，世界這部機器進行了新的磨合，起初的三十年磨合不成功，按意識形態的區分分成幾大塊。從社會科學的角度看，二戰以後興起的美國，成爲西方社會科學的中心，而以前蘇聯爲核心的社會主義陣營，也逐步形成自己的社會科學體系。在這兩大陣營以外，第三世界國家很多屬於戰後興起的新民族國家，它們的社會科學有自己的發展道路，有的綜合本土和西方經驗，有的綜合本土的前蘇聯經驗，都有各自的特色。非洲和中南美洲的人類學家考慮到自己的國家在地理位置上處在歐洲和美國的南方，提出了「南方人類學」來與歐美的「北方人類學」對陣。在中國大陸，一九四九年以後的三十年裏，社會科學受到前蘇聯的影

響，後來在「左」的路線的影響下，對社會學、政治學、經濟學等學科進行了「革命」，當時被列爲「資產階級學科」的還有文化人類學。

從那時起，「人類學」這個名稱基本上指的是科學院體系的古脊椎動物和古人類研究，科學院的《人類學學報》就是一個代表。在一九五二年院系調整的過程中，「文化人類學」、「社會人類學」，甚至「民族學」這些名稱，都被我們與一九四九前的知識狀況聯繫在一起，成了「舊社會」的歷史記憶。我們知道，二十世紀前期，中國人類學是世界人類學的重要組成部分，我們的一些老先生，都跟當時最出色的人類學家學習、合作過。比如說，馬林諾夫斯基曾指導中國人類學家費孝通先生的博士研究，費先生的博士論文《江村經濟》後來在英國出版，成爲現代人類學的經典之作[3]。馬林諾夫斯基寫有一部書稿，還沒寫完的時候，費孝通先生已經把它給譯出來。這本書的中文版叫《文化論》，對於中國社會學和人類學功能學派的形成，產生了十分重要的作用。另一個著名人類學家林耀華在布朗來燕京大學的時候給他當過助教。當時燕京大學是外國人辦的學校，布朗是第一個希望透過他的聲音影響中國的人類學家，也是他第一次在中國提倡農村研究，至今對我們也還有很大的影響。波亞士在十九世紀末就很有名了，他的想法對中央研究院有很大的影響。此外，如李安宅、許烺光等先生，在美國從事人類學研究，受到美國學派的影響比較大。在國內撰述《文化人類學》一書的林惠祥先生，也受到美國學派的影響。法國的影響也不小[4]。當時的楊堃教授就是師從莫斯和葛蘭言的。現在國外介紹莫斯和葛蘭言的文獻中還時常提到楊先生，因爲他曾是法國學派的積極參與人。

　　二十世紀前期，中國人類學十分多元，在南方、北方、西南等地區形成不同的中心，各有特色，培養了一代人類學家。然而，隨著「資產階級學科」這頂帽子的出現，作為綜合學科的人類學消失了。名稱的消失不意味著學問的消失、研究的停頓。那時很多人類學家被調轉到不同學科裏，研究少數民族、世界史、原始社會史。一些著名的人類學家被派去參加中央訪問團，去做少數民族識別研究。當時民族誌調查很嚴謹，在少數民族社會歷史研究、語言研究、宗教研究、體質人類學研究等方面留下值得世界珍惜的記錄。為了破除「資產階級學科」的「異文化情調」，為了奠定馬克思主義的民族理論，少數民族研究採納了「社會發展階段論」的模式，對生產方式的演進歷史特別關注。更重要的是，在那些年裏，民族認同問題成為國家主導的「民族識別工作」，作為少數民族生活方式、語言、文化、信仰的表達的民族身分認同，被當成政府的民族工作的重要組成部分來看。

　　採納「社會發展階段論」，使中國人類學研究回歸到社會形態比較研究，回歸到古典進化論的人類學，而將田野工作知識納入政府工作，一方面使民族研究獲得前所未有的資源，另一方面使這種研究脫離了西方現代人類學的「非我中心主義」。兩種工作都是有標準的，而且標準是由新中國的政府來確定的。如果說那時的民族研究也屬於人類學的一種，那麼這種人類學與我這裏不斷重複論述的現代人類學就存在著十分明顯的差別。那時中國人類學的這個轉變，對於現代人類學的提法，構成了一個挑戰。當一個被研究的文明選擇成為自己的文明的主人並對它進行改造的時候，好像沒有什麼可以責備的。人類學長期積累起來的知識告訴我們：在現代世界體系裏，非西方文

化的自尊心，是全人類必須珍惜的。那時我們中國民族學家所展開的探討，給現代人類學提出了一個問題：「進步」的觀念在西方國家的人類學裏已成爲禁區，而在遼闊的中國大地上，在一個最大的非西方國家卻一時成爲信條，怎麼解釋這種似是而非的「傳播效應」？過去的五十年中，直接對這個問題加以關注和闡述的西方人類學家不存在，但這個時期裏出現的一些新探討，卻從另外一些側面反映了這個問題的重要性，值得我們從認識論和價值論的角度來理解。

人類學家怎樣做到善待他人？「善待他人」是不是一種形式主義的舉動？是不是以尊重他人的價值觀爲自我標榜的手段？是不是等於否定他人與文明的趨近？與中國全面採納進化論幾乎是同時，在一九五〇年前後，西方人類學也開始出現新的思考。在美國和英國，人類學家——特別是考古人類學家——如懷特（Lesile White）、柴爾德（Gordan Child）、斯圖爾德（Julian Steward）等重提摩爾根的社會形態論，他們不僅是要爲古典人類學翻案，而是要在相對主義長期流行的狀況下給文化史的視野以一席之地。在新時代出現的新進化論（neo-evolutionism）帶著對不同民族、不同地區、不同文明體系文化演進規律的關懷，承認社會形態更替的線性特徵，在深入考察文化演進過程與地區性生態與文化環境之間密切關係之後，它更強調進化的多線性。

同時，人類學家變得更關注文化之間接觸的歷史。隨著政治經濟學和世界體系理論的發展，人類學逐步從小地方的民族誌轉向地方文化與世界政治經濟之間關係的探討。這一系列的探討，主觀上受到馬克思主義和法國年鑑學派史學的啓發，而它們依據的認識論模式，客觀上又繼承了古典傳播論的某些因

素。在這一脈絡上展開的研究,像傳播論那樣關注文明的空間分布與流變,也關注由空間的分布與流變而發生的差序格局,但受馬克思主義社會公平觀的影響,它們強調指出,近代世界格局是一個不平等的政治經濟格局,而不是一個文化衰變的過程。於是持這一派觀點的人類學家,對於西方中心的世界體系是批評的,對它造成的不平等也深有反思。

對於歷史的線性時間和層次性的空間的關注,令一些人類學家對二十世紀前五十年中流傳的自在的文化論產生懷疑,這促使更多的人類學家去重新認識文化的含義。與新進化論出現的同時,李維-史特勞斯展開了百科全書式的人類學研究,他蒐集了數以千計的區域人文資料,並將這些資料匯總起來進行深度的分析,從中尋找不同文化之間的共同規則。從戰後到七〇年代,李維-史特勞斯發表的數量巨大的作品,綜合了結構語言學、文化人類學、馬克思主義辨證哲學和精神分析的理論,對此前的社會人類學思想提出了總體的清算。他認為從大量的神話、圖騰、親屬制度、社會組織資料中,人類學家可以找到文化與文化互通的「語法」,這個語法的基本結構是兩性之間的交換,進而可以擴大到氏族之間的互通有無與聯盟、種姓之間的交往邏輯、文明之間的銜接方式。人的思維依靠交換的邏輯,生成二元對立統一的結構,在區別和聯繫之中形成社會。這是一個善意的理論認定,世界上所有民族的思維都共享一個結構,正反、生熟、男女、左右、零一、陰陽等等,是人們賴以認識這個世界和自身的根本手段。人類學的使命就是在人類的儀式、神話等中找到這個主旋律。李維-史特勞斯還是音樂家,他的書寫得像貝多芬的樂譜,有主題、變奏和結尾,他的主旋律與葛蘭言的思想有繼承性,葛蘭言在漢學研究的範

疇裏最早指出，是陰陽、男女、天地這些對應而互爲因果的因素，構造了人的世界。

李維－史特勞斯像一個指揮家，他演奏著一支和諧的古典交響曲，這個和聲裏是有差異而無等級的，無論有無等級，都是等值的交換，文化的不同無非是變奏。人們可能覺得，李維－史特勞斯的結構人類學屬於一種宏大的「歸納計畫」，它追求在豐富多彩的人文世界裏歸結出一個枯燥無味的「語法」。但李維－史特勞斯的理論沒有那麼膚淺，他堅持的是一個深刻的論點：人的共同生活，是建立在區分基礎上的，就像有男女之別，人才能生育，才能保持種族的綿延。「君子和而不同，小人同而不和」。性惡論者用「同而不和」的理論來解釋人的本質，而作爲典範人類學家的李維－史特勞斯則主張不要將人都看成「小人」，人其實是「和而不同」或「不同而不和」的動物。這個觀點一方面是針對文化差異論，另一方面是針對階級差異論說的，它的意思是說文化與文化之間、人群與人群之間、階級與階級之間的差異不要緊，因爲這種差異讓我們人懂得如何生活在同一個空間。

在結構人類學中提煉出來的一致性與多樣性的辯證法，從一個角度再次強調了現代人類學的基本精神，它曾在戰後的三十年裏，被承認爲人類學的最高成就。但幾乎與結構主義出現的同時，英國人類學家埃文思－普里查德開始對人類學的使命進行重新的認識。在很多地方，他批評了現代人類學早期「文化科學」、「社會科學」論調，說人類學一如歷史學一樣是人文學，這種人文學的特殊追求是從事「文化的翻譯」，就是用一種語言將不同的文化解釋出來，將自己的認識放在不同的認識裏考驗。稍後一點，在韋伯理論的脈絡下，出現了解釋人類學

(interpretative anthropology) 這個說法，它與結構人類學看起來在唱反調，但所起的作用也是對於差異的尊重。這個學派的代表人物格爾茲，是帕森斯的高足，自稱他自己的思想理路主要來自韋伯的理想型概念。與法國的結構人類學不同，解釋人類學試圖展示人文世界的豐富性，認爲這種豐富性的展示本身，就是人類學家的使命，人類學家沒有必要急於從人文世界歸結出當地人不知道的「科學規律」，而應將主要精力放在認識人文世界存在的對人、生活和世界的不同解釋。解釋人類學當然不停留於此，它還試圖進一步闡述社會中的人的解釋與我們知識分子之間的解釋的關係，認爲我們不要輕易地將自己抽離於社會之外，要意識到我們的表述也是社會的表述。

意識到「表述也是社會事實」，就是意識到人類學家的生活也是社會生活的一種。在這個意識形成之後，過去的三十年裏，人類學界又出現了「後現代主義」（postmodernism）的說法。大凡屬於後現代主義的，對現代人類學都持一種反思的態度，說人類學的現代主義者將自身定位爲非西方文化的代言人，定位爲超越人的「科學家」，認爲這本身是一種支配性的行爲，它的緣起與西方啓蒙的世界統治地位有密切關係。於是後現代主義者啓動了對西方認識論進行總體反思的運動，試圖從人類學家與被研究的文化之間的歷史關係、權力關係來認識人類學的品質。然而在大的價值論上，後現代人類學繼承了現代人類學的很多觀點，它用新的語言更爲明確地闡述了現代人類學的人文價值論：從「非我」那裏看到「我」是認識自己的身分、對自己的文化形成自覺的途徑。

這樣的人文價值論有什麼價值？後殖民主義者認爲，它的價值仍然只能在西方現代性的知識／權力擴張中得到體現。像

東方學那樣，人類學服務的是西方把握這個世界的計畫。如果這個「後殖民主義」的批評符合眞相，那麼五十年前這門學科在中國的消失應說是一件不壞的事。但問題沒有那麼簡單。當人類學被肢解爲不同的知識門類，當人類學被扣上「資產階級學科」的帽子時，知識與權力之間並沒有分離，知識被納入了另外一種權力的場域中去了。知識是一把雙刃劍。老子曾說，爲了建設一個合理的天下，要首先「不尙賢」，「使人不爭」。歐洲哲學家們開始對知識的權力意志進行反省的時候，也想到「沈默」這個與「話語」相反的策略。但所有這一切都沒有讓人類學家停頓對於不同的人文世界的探索，因爲正是那些與現代性話語距離最遠的「沈默的文化」，從遠方傳來聲音說，「念天地之悠悠」，人若不在天地裏看到自己有限，人的世界也就失去了它的內容。

人類學者的成年，要從「兒童」變成「成人」，而「成人」後，還要「四十而不惑」，要經歷不斷的再思考，才能達到「解惑」的目的。

註　釋

[1]費孝通，《學術自述與反思》，三聯書店，1997年版，第328頁。

[2]李維－史特勞斯，《結構人類學》第一卷，中文版，謝維揚、俞宣孟譯，上海譯文出版社，1995年版，第374-411頁。

[3]Hisiao-tung Fei, 1939, *Peasant Life in China*, London: Routledge.

[4]林惠祥，《文化人類學》，商務印書館，1934年版。

9. 富有意義的洞察

　　和其他科學一樣，客觀的人類學應該不受
「現實」方案的束縛，這是重要的——甚至比其
他科學更有此必要，因為人類學的研究結果和
人類生活的關係太直接了。

──雷蒙德・弗思

　　雷蒙德‧弗思（Raymond Firth, 1902-2002）（左一），英國現代
人類學的奠基人之一，由於他爲人類學找到廣泛的社會支持，而被
譽爲「英國人類學之父」。他的研究集中於蒂科比亞人的田野工作，
對倫敦東區的親屬制度也展開探討，論著廣泛涉及到社會組織、經
濟人類學、宗教人類學和藝術人類學等。圖爲弗思夫婦。

　　廣義的人類學，綜合了自然科學、社會科學和人文學的因素，它對人的身體的研究，屬於自然科學，對於社會的研究，屬於社會科學，而綜合了考古、語言、文化等方面研究的文化人類學，具有更多的人文學色彩。要成為一個人類學家，要敢於求知。諸如波亞士和李維－史特勞斯這樣的老一輩人類學家，他們的博學是罕見的，他們的學問既像屈原的《天問》那樣，敢於探索「遂古之初誰傳道之」的問題，又像《禮記》的作者們那樣精於詳實地記述各種制度和風俗的規則。這些經典的人類學家廣泛涉獵有關人的「身」和「心」，對於種族、語言和文化問題，都有深刻的哲學領悟。不能說他們一個個都能超越古代哲學家，但那些博學的人類學家，追問的問題確實很多。

　　開拓廣闊的視野，是一百年來人類學大師們的主要貢獻。在認識論的層次上，這些貢獻讓越來越多的人接受了一種樸實的人文主義理想：研究人不能像博物學家那樣，將人當成物來陳列，而要意識到我們研究的對象，與我們一樣有他們的認識論、價值觀、能動性和創造力。因而，人類學要關懷人在這一層次上的「真相」，將自己的注意力集中在體現人的特性的文化傳統和創造上。注重人的文化傳統和創造的人類學，不排斥人類學其他領域的成就，它從體質和生物的人類學研究中，領悟了人性論的特定文化意義和「物」的科學的特定文化局限，從考古學和史前史的研究中，領略了人的歷史的豐富和文明進程的複雜面貌，從語言學的研究中，領教了人認識這個世界時受到的來自自身的符號創造——語言、文字和思維——的特殊圍限。因為自己的文化給我們劃定的圈子，人類學家轉向「他者」，期待在那裏獲得種種遙遠的洞見，種種認識論的距離，期

待透過超越自身來認識自身。在跨越文化的過程中，人類學曾陷入了種種困境，其中帝國主義、殖民主義、民族中心主義及現代性，曾阻礙人類學家向眞實的人文世界邁進。帶著「啓蒙」面具的文明論，曾蒙蔽一代人類學的大師。經歷了幾次認識論和價值論的陣痛，人類學家終於在二十世紀的前期創造了新學理，他們以文化的互爲主體性爲主旨，在廣闊的視野中，爲我們呈現了一個豐富多彩的人文世界。

9.1 人類學的人文主義

　　一門學科，有它特定形成和發展的歷史，不像神話傳說那樣，依靠口頭或文獻的流傳瀰散於人間。在那個並不長遠的學科發展史裏，人類學獲得了某種與其他學科區分開來的研究方式、論述風格和問題意識，形成了自己的特殊性，這種學科的特殊性進而構成「學科」的主要邊界線。人類學的因素曾活躍於古史的各種想像中，但它的學科體系主要是近代的產物。從廣義的人類學，到現代人類學對於文化和社會問題的關注，到生活方式多樣性的研究，到文化變遷的探究，到自己體會的「人類學互惠」，這種種的描述、種種的分析、種種的探索，表達了人類學的基本精神。人類學知識產生於社會，來自對人的世界的參與觀察和體會，它向來沒有脫離社會的思考與實踐。作爲一門關於人怎樣生活在這個世界上的學問，它從非西方的、「原始的」、「古老的」「簡單社會」出發，深入到人類生活的最基本層次，讓我們透視了人類生活所受到的約束與享受的自由，讓我們在一個遙遠的地方和一個久遠的時代，體會到

我們今天生活的時代性，體會到他的合理和不合理性。

「道可道，非常道」。一門用文字堆積起來的學問，不能言明人最微妙的層次。但是人類學的撰述和洞見，卻能使我們產生一種對自己的「陌生感」，能在這種陌生感中產生一種客觀的認識，使我們的主觀性落在一個「他者」的世界接受考問，由此產生一種油然而生的認識論和價值觀的「移情」。這樣一門學問教的不是怎樣治理人，而是怎樣理解人；教的不是怎樣在社會中獲得經濟和政治的成功，而是怎樣理解人的經濟和政治追求；教的不是怎樣相信一種宗教、一種教條、一套生活的規矩，而是怎樣理解它們的特定社會邏輯和宇宙觀邏輯。因而，相信「學而優則仕」或「學而優則商」信條的人，讀了人類學會覺得這是一門「無用的學問」，是一種「衣食足」以後的額外享受。然而人類學的信條是：一門對人最有幫助的學問，一般不是那種能使一個人支配另外一個人、使一個人利用另外一個人的技巧，一般不是追求權力和利益的手段，而是一種「離我遠去」的思想，這種思想沒有直接可見的用途，卻具有啓迪人生、改良社會、陶冶情操、深化思想的力量。

人類學的物化表現，是書本、民族誌博物館、地圖、照片、視覺藝術。閱讀、觀看可感受這些物化的人類學成果，能給予我們什麼樣的收穫？培根說，書本能用來閱讀，也能用來擺設。書本如此，其他類型的記錄也如此。但是，無論能從這麼些東西、這麼些形式裏「解讀」出什麼，無論人能從它們中找到什麼可供修飾自身的花樣，人類學的物化表現說明的沒有別的，只有文化的多樣性和生活的多種可能性，只有「我們自己」必須知道的「自己的局限」。在當代世界裏，「一」這個概念支配著「多」，哲學家希望有一種解答「一個或所有問題」的

答案,政治思想一統天下,商人想一勞永逸,藝術家想一鳴驚人,學者想舉一反三……而人類學是一門笨拙的學問,它要求我們向笨人那樣堆砌可以堆砌的資料,用癡人的目光去關注同一項簡單的事物,像缺乏概括能力的人那樣,停留在具體的事項裏,尋找它們的「多」及「多」的共同結構。從事人類學研究的人,於是要經歷「寂寞的田野生涯」,也要忍受人們對他的繁瑣的「相對主義」、「多元主義」及「非決定論」的斥責。但是人類學家沒有失去他們的樂趣,也沒有丟掉自己的價值觀。「志於道,據於德,依於仁,遊於藝」。他們努力找尋著久遠的文化——石器時代、原始的野蠻人、「落後的鄉民」、流失的神話、古代君主的祭祀、都市的貧民窟、窮鄉僻壤、少數民族……

9.2 人類學的用途

用學科的用途來定義學科的品質,會令人知道學科的用途而不知道學科本身。所以談應用人類學會引起一些人類學家的反感,一些同好甚至會站出來抗議,說人類學是人類學家的事情,應用是別人家的事情。我不認為人類學沒用,但我同意一種觀點:人類學並不是沒有實際用處,只是它的用處不能滿足急於求成的人,也沒有立竿見影的效果,它追求一種非一般意義的實效。瞭解人類學學理的人,也能瞭解人類學的意義和價值,學問有什麼用,不需要有人來專門贅述。一些經典人類學家追問的,像《天問》追問的,是邃古之初人與自然的創造與神話。這種學問的意義,在於思想的啓迪、知識的增進與文化

的理解。另一些經典人類學家主張風俗習慣構成社會，是因為要反對將社會當成是法權制度的成果。這種觀點、這種知識倘若有什麼意義，便一定也是啓迪和理解，它確實是與現代社會和現代政治觀念形態的反省有關，但不能說是一種實用的政治學。

　　在人類學界，不乏有學者致力於同時考察學問的價值與現實的價值。例如，研究發展的人類學家，似乎是一批企求用人類學家知識來推動現代化進程的人。然而仔細閱讀他們的論著，仔細觀察他們的活動，我們知道他們在發展計畫中產生的作用，是提醒發展計畫的執行者要謹慎對待發展的主體及他們的傳統，是提醒人們不要誤以為傳統的死亡就是發展的理想，是提醒政治家和商人「物」的增添不等於人的幸福。在發展中地區，傳統上的社會由風俗習慣構成，它們的「社會秩序」不一定是在明確的法權觀念上生成的，原有的社會形態需要深深地紮根於原有的文化裏，才能保障人文世界的穩定與繁榮。這樣一來，發展人類學拒絕政治實用主義的急躁情緒，它追求一種特殊的應用價值──指出「發展」這個概念可能要與被研究的那個地區的「人」的觀念並接，才能找到合理的詮釋。發展人類學還可能是一種對發展問題的評論，它採取的非決定論、相對的文化價值觀，能令人們對文化多樣性的保護盡更大的力氣，能令人預見到，當一個民族失去他們的神話、象徵、禮儀、風俗、互惠形式後，會有什麼樣的後果。

　　人類學在原有的分支研究領域基礎上，也發展出了一些名稱上顯得「實用」的人類學類型，如都市人類學、民族醫學（或醫學人類學）、民族科學（或科學人類學）、民族藝術（或藝術人類學）、民族音樂學（或音樂人類學）。都市人類學分兩

支，一支研究非西方城市化的歷史，尤其是像馬雅文化中的城市和古代中國的城市，關注的是城市的文化體系，另一支研究當代都市的少數民族群體、貧民聚集區和都市流動人口的生活面貌，關注如何在發達的都市裏保護弱勢群體的利益。在歐美，不乏有人將現代城市誤作現代文化的典型反映，都市人類學的前一支能提醒人們，在古老的非西方文明裏，城市向來有它的重要地位。怎樣看待我們今天的都市生活？都市人類學的這一分支，能為我們提供不可或缺的洞見。隨著現代都市的發展，社會等級、人際關係、福利、人口、犯罪都成了重要的社會問題。關注都市中的「底層社會」的都市人類學家，觀察到的事實與現象，有助於我們更深入地理解社會問題，有助於不同人群在城市裏的相處。

民族醫學研究的面，涵蓋了非西方病理學和醫療學，特別是現代西學和醫學體系以外的傳統治療方法，包括儀式治療、宗教治療、草藥、針灸等等。從事民族醫學研究的人類學家，注重理解不同文化怎樣解釋疾病、怎樣處理疾病，從這中間，他們瞭解到了種種對疾病展開的社會解釋，他們變得對整體論的病理學和醫學懷有極大的關注。在西方醫療逐步支配世界的醫療現代化過程中，這些病理學和醫學模式的地位怎麼擺？在現代醫療方式不能解決所有問題的情況下，傳統民族醫學能給我們不少的幫助。在歐洲和美國，這些民族醫學形式逐步被承認，人們用「替代性醫藥」（alternative medicine）來給民族醫學定位。人類學家研究的那些曾經顯得古怪、充滿「迷信」的東西，正在以勃勃的生機得到蓬勃發展。而人類學家的研究說明，傳統的民族醫學既沒有脫離社會的整體，也沒有脫離特定民族對於世界的特定認識。人類學家將特定民族對於世界的認

識，稱爲「民族科學」，意思是說，要用給予非西方民族和各國境內的少數族群與社區的認識和宇宙觀以「科學的尊嚴」。這種研究其實對「科學」的自我認識、反省和進步有很大幫助，但尚引未起廣泛的關注。

從二十世紀初期起，世界各國受到來自部落社會和鄉民社會的藝術和音樂的影響很大。法國的超現實主義藝術，它的啓蒙大凡都來自非洲的原始藝術，美國的爵士樂、搖滾樂等等，也與黑人有密切的關係；而在像中國、印尼、印度這樣的多文化的國家裏，少數民族的藝術和音樂對於人們的精神生活也有很深刻的影響。民族藝術（美術）和民族音樂的人類學研究，正在逐步受到人們的關注。對於這些人類創造的跨文化比較，使人類學家產生兩個方面的研究旨趣，一方面人類學家試圖透過民族美術和民族音樂的研究來呈現文化的差異，另一方面人類學試圖從這些研究中提煉初有關文化的社會生產過程的理論。無論是哪個方面，求索美術和音樂古老形式的人類學，對於世界文化的「和而不同」的繁榮發展，有著巨大的貢獻。

人類學的實際用途，沒有脫離人類學基於文化的互爲主體性基礎上提出的一系列有關論述。對於發展、都市、民族醫學、民族科學、民族藝術、民族音樂的研究，使人類學家進一步確信，從「他者」那裏獲得對自身的認識，對於一個社會、一個文明體系有多重要。從「他者」延伸開去，人類學家可以從事很多方面的研究，可以促進很多事業的發展，而人類學家若是忘卻了「他者」的意義，他們的「應用研究」便不能獲得眞正意義和價值。好的人類學追求對「現實方案」的超越，只有當更多的人把握這種好的人類學，人類學才能眞正有用於人類生活。

　　超脫式的人類學是富有意義的。在歐美，社會的改良，文化的多樣化，藝術的繁榮，尚未脫離人類學的啟迪。在中國，民族關係的處理、鄉土的重建、城市化的道路選擇，向來也離不開人類學家的參與。在一個「全球化」的時代，社會變得越來越開放，人們接觸其他民族和外來文化的機會越來越多了。隨著科技的發展，電腦和「生育技術」的發展，給人的世界帶來了一些根本性的變化。怎樣理解這些變化？怎樣更好地處理科學技術在文化中的地位？怎樣理解它所帶來的文化和倫理問題？種種問題等待著更多人類學家來研究，而學科提供的那些關於人的生活方式、制度、傳統和變遷的洞見，不僅沒有隨著時間推移失去意義，反而在新的世界裏不斷獲得新的生命。對於一個開放社會來說，人類學知識是不可或缺的，人類學家的工作是不可輕視的。人類學使人更平和地面對人在世界中的地位，使人更平和地對待他人。這樣一種世界觀，這樣一種倫理價值，可能缺乏「硬科學」冷酷的「真」，但它那來自深遠的歷史的「憂鬱」，卻能使人更冷靜地對待自己的創造，更真心地保護自己的傳統。

9.3 人類學的「中國心」

　　西方人類學曾乘坐航船，在十九世紀末來到中國，透過進化論的「文化翻譯」之路，登陸在中國大地上。最初，這種學術研究門類吸引國人之處，是它的「進化論」。隨著中國學者進一步接觸現代人類學派，大致從一九二六年開始，我們的學術界出現了相對的文化觀。早期的中國人類學學科建設者們，像

歐洲人類學家那樣，將人類學知識追溯到上古時代。歐洲人類學家說，希臘的歷史學家，最早闡述了「野蠻人」，而中國人類學家說，《山海經》已經有了中國世界的「他者」。種種的聯想，包含著種種的期待。老一輩人類學家期待從古史的證據中歸納出一個論點，主張用文化相對的眼光來看一門現代的學問，主張在本土知識的基礎上發揮現代人類學的作用。

簡單說中國富有人類學資料，恐怕是蔑視國人的思想能力。從中國文明的黎明開始，中國人就走上了人類學思考的道路。《山海經》、《詩經》、《禮記》、《史記》、《漢書》，及後來的種種諸番誌，是中國民族誌、民族學和人類學的原典。在英國人類學家布朗登陸安達曼島之前的近一千年，中國的誌書裏已經有了這個島嶼及對這個島嶼展開的民族誌描述。即使我們硬要將人類學當成現代的學問，即使我們要嚴格地按照現代科學的近代起源來論述人類學，我們的人類學史應當也有一百餘年了。在過去的一百年裏，中國人類學家的成就一樣的巨大。雖然沒有一個外國人類學家真正認真地閱讀中國人類學家的論述，但是這些論述本身存在，成就本身重要。一百年來，中國人類學家集中研究國內的少數民族和漢族的農村聚落，從「華夏」的民族邊緣來觀察華夏中心的現代命運。我們甚至有李安宅對美洲印第安祖尼人的探究，有費孝通的「訪外雜寫」等等這些從中國人類學家的眼光來觀察「他者」的試驗。

說中國人類學沒有歷史，那是無知。可是在中國人類學家自己的論述裏，我們看到了一次再一次的「學科重建」、「學科介紹」的努力，給人留下一個不可磨滅的印象，好像到今天我們的人類學還在「建設」之中。印象是這樣，事實也是這樣。中國人類學確實走過一條曲折的道路，跟著學科的繁榮來到

的，是學科的衰落，跟著學科的衰落來到的，又是學科的繁榮……循環往復，像是傳統社會的年度週期。在過去的一百年裏，學科繁榮和衰落的節奏，與我們國家政治變遷的步調是對應的。人類學在種種的運動中被「革命」，但最終它沒有失去它的生命力。爲什麼這樣？這似乎應當歸功於近代人類學的「進步論」的「中國化」。近代人類學思想經觀念形態的傳播，給中國的民族復興運動帶來了希望和技藝。而過去五十年來，這樣一種觀念形態依然起著它的作用，人類學的名稱雖受到長期的壓制，但它的古老思想卻被一個偉大的民族實踐著。這樣說當然也不公平，因爲整個現代人類學的「世界史」，似乎也是「進步論」遭到越來越深刻的反思的歷史，而這個比較是不是意味著中國人類學沒有跟上世界的潮流？答案不是那麼簡單。但有一點是肯定的：在「進步論」成爲主流的時候，中國人類學曾經提出的那些有益的觀點，被壓抑了下來，成爲「邊緣思想」，甚至被指責爲「資產階級思想」。這種壓抑和改變，使人類學還要面臨一個復興的使命。

　　學科建設與國家建設的對應關係，是西方社會科學的核心關係，也是中國社會科學的核心關係。在過去的一百年，中國人類學家以人類學在國家建設中的作用來開拓人類學生存的空間。然而也是這種被不斷論述的期待，使我們忘記了一個重點：倘若人類學不能採取更廣闊、更深遠的人文世界觀來看待「他者」與我們民族的「本己」，那麼這門學科就會陷入自身的困境，難以從現代文化的局限中自拔。現代文化令很多人興奮，但人類學家要告訴人們的恰好不同：那些被現代人當成是「邊緣」的人文類型，正是人類學觀察、人類學思想的核心。如果本土人類學家不能尊重被研究者自己的「世界」，不能尊重學

科研究本身的「核心」，不能在「他人」那裏展望「自我」，人類學學科就失去了它的獨特性和魅力。對於中國人類學來說，失去這些東西，不只是失去「西學」，而且還是失去古老的《山海經》和諸番誌給我們留下的遺產，失去我們的「天下觀念」，失去人類學的「中國心」。新的中國人類學怎樣克服問題，重新面對我們和他人的傳統？在這一深重的歷史反思面前，我們變得豁然開朗：中國人類學家，還有很多理想需要去實現。

人文社會科學叢書 7

人類學是什麼

著　　者／王銘銘
出　版　者／揚智文化事業股份有限公司
發　行　人／葉忠賢
總　編　輯／林新倫
執 行 編 輯／閻富萍
美 術 編 輯／周淑惠
登　記　證／局版北市業字第1117號
地　　址／台北市新生南路三段88號5樓之6
電　　話／(02)2366-0309
傳　　真／(02)2366-0310
網　　址／http://www.ycrc.com.tw
E - m a i l／book3@ycrc.com.tw
郵撥帳號／14534976
戶　　名／揚智文化事業股份有限公司
法律顧問／北辰著作權事務所　蕭雄淋律師
印　　刷／鼎易印刷事業股份有限公司
I S B N／957-818-384-4
初版一刷／2003年1月
定　　價／新台幣300元

國家圖書館出版品預行編目資料

人類學是什麼 = What is anthropology? / 王
銘銘著. -- 初版. -- 臺北市：揚智文化，
2003[民 92]
　　面； 公分. --（人文社會科學叢書：7）

ISBN 957-818-384-4（平裝）

1.人類學

390　　　　　　　　　　　　　　　91019310